U0179019

我们都是非洲人

Everyone Is African

用科学破除人种迷信

[美] 丹尼尔 · J. 费尔班克（Daniel J. Fairbanks）◎ 著

傅 强 ◎ 译

世界知识出版社

图书在版编目（CIP）数据

我们都是非洲人 / (美) 丹尼尔 · J · 费尔班克著；傅强译.— 北京：世界知识出版社, 2022.1

ISBN 978-7-5012-6435-3

Ⅰ. ①我… Ⅱ. ①丹… ②傅… Ⅲ. ①人类起源 - 普及读物 Ⅳ. ①Q981.1-49

中国版本图书馆CIP数据核字（2021）第228914号

版权声明

著作权合同登记号 图字：01-2021-0961

书　　名　我们都是非洲人
　　　　　Women Doushi Feizhouren

策　　划　毕　颖　张兆晋
责任编辑　苏灵芝
责任校对　张　琨
责任出版　王勇刚
封面设计　张　乐

出版发行　世界知识出版社
网　　址　http://www.ishizhi.cn
地址邮编　北京市东城区干面胡同51号（100010）
电　　话　010-65265923（发行）　010-85119023（邮购）
经　　销　新华书店
印　　刷　汇昌印刷（天津）有限公司
开本印张　850毫米 × 1168毫米　32 开　7.5 印张
字　　数　140千字
版　　次　2022年1月第1版　　2022年1月第1次印刷
标准书号　ISBN 978-7-5012-6435-3
定　　价　45.00元

中文版序

《我们都是非洲人》向读者传达了一条强有力的信息，即压倒性的科学证据证明：泾渭分明的人种概念是一种社会构造，而非生物学现实。科学证据与日俱增，人类的共同祖先以非比寻常的方式将我们每一个人联系在一起。祖先和遗传多样性的概念远比过于简单化的人种分野有意义得多。本书仅仅是这一主题中意味深长且令人着迷的海量科学证据的一小部分。

本书中文版的出版恰逢其时。世界范围内与系统性的种族主义抗争的运动从没有像现在这样显著。理解我们作为物种共有的基因传承对驱除错误信息、以适当的方式团结世界上近80亿的人口助益良多。

根除种族主义的努力必须是社会性和政治性的。识破假借科学之名行人种分类之实，能够助这些社会和政治尝试一臂之力。

我们都是非洲人

身为作者，我对本书在中国的出版大为欣喜。这将大大扩展本书在世界范围内的读者群。在此特别感谢使中文版出版成真的诸位，包括出版商和编辑。我要特别感谢本书译者的用心工作以及与我的沟通讨论。

我真诚地希望读者能够感到书中的内容引人入胜且从中获益。最重要的是，我相信书中的科学证据浅显易懂，特别是对那些非科学背景人士而言。

诚然，世界人口之巨、之多元，世界联系之紧密、之团结今非昔比，然而本书所传达之信息更与我们息息相关。将本书的最后一句话适当更新一下：我们所有人都紧密相关，超过70亿的我们都是远房亲戚，而且从一开始我们都是非洲人。

丹尼尔· J. 费尔班克

2020年12月10日

序 言

没有多少话题能够像人种（race）、种族主义（racism）这般引发强烈的情绪。种族主义的历史骇人听闻，充满了残酷和虐待，以至于多数都被排除在历史记载之中。近些年诸多优秀且全面的作品不遗余力地重述种族主义历史，其中一些向读者展现了最耸人听闻、绵延数代的大规模种族迫害。就在这些更为晚近的历史呈现出来之时，人类基因学家也一直在搜集证据支持科学史上最显著的发现之一，即生物学的人种差别的概念是漏洞百出的。

如今，我们常常读到或听到下面这些话："人种是社会属性而不是生物学属性的概念。"[1]"从科学研究上看，人种之间其实并无本质不同。"[2]"如今，科学正在消解人种概念的生物学基础。"[3]"人种这一概念极不可信……与其说它是生物学上的臆造，不如说它是社会现实。”[4]

不过，诸如此类的表述看似与我们的常识相矛盾：孩子们遗传了我们称之为人种的特征，特别是皮肤、头发和眼睛的颜色。因为遗传特性一定是基因层面的，我们怎能理直气壮地认为人种是社会属性而非生物属性呢？而且正如本书标题所指，科学怎么才能破除有关人种的迷信呢？

上文引述的言论都是事实的反映，缺少没有佐证的证据或解释。不过，即便如此，这些事实判断也不是空洞或教条的。相反，它们是根据充分且经得住验证的科学证据得出的。但是证据和解释的展开却使得大多数作者脱离了论点，他们把关注点放在了人种和种族主义的社会和历史层面而不是科学层面上。

与以往不同，本书关注科学层面。书中所列举的证据来自全世界数百位科学家的实验室研究所得。绝大多数研究为纯科研性质，没有政治或社会目的。本人有幸成为这些科学家中的一员。我的同事、学生与我一道，为世界范围内以DNA为基础的人类多样性研究贡献绵薄之力，其中一小部分化身为本书。本人是遗传学家，但我相信自己的学术背景可以胜任将复杂的科学证据和论述用有趣和易懂的方式呈现给普通大众。

正如我在前文中提到的，即使是最近的史书也忌讳记载种族主义暴行，这也许是因为暴行的骇人听闻。本书可能会因没有记载种族主义暴行而遭受同样的批评。不过本书的焦点是提供科学证据。这些证据提供了坚实基础，否定了历史上种族主义的遗毒和直到今天仍然充斥的种族主义暗流。

我坚信，种族主义的历史被轻描淡写、一笔带过了，我强烈建议本书读者能够一探种族主义的历史作为本书提供的科学证据的补充。有关这一段历史不乏优秀的书籍、文章、论文、网站以及纪录片。[5]

借此，感谢出版社的编辑和同仁的专业工作，虽本人竭尽所能确保书中结论的正确性，然而谬误仍由本人一人承担。书中之观点仅代表本人而不是出版社和我助手的观点。希望你觉得本书引人入胜。用科学破除人种迷信，应该有你的参与。

目　录

中文版序　I
序　言　III

序　章　1
第 1 章　何为人种?　7
第 2 章　源在非洲　25
第 3 章　祖先与人种　49
第 4 章　“他们的肤色”　67
第 5 章　人类多样性与健康　91
第 6 章　人类多样性与智力　125
第 7 章　洞察人种　157
结　语　187
注　释　196
参考书目　214
译后记　227

Prologue 序　章

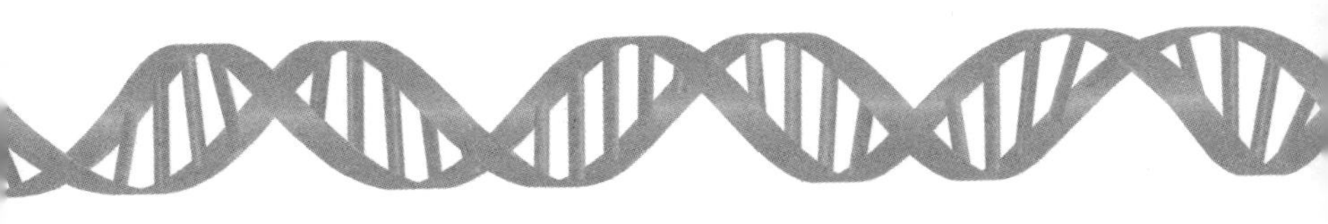

写作本段之时正值 7 月 14 日法国国庆日，即闻名的巴士底日。30 年前的这一天，我坐火车穿过法国的斯特拉斯堡，五光十色的焰火照亮了夜晚。法国国庆日是为了纪念群众攻破巴士底狱，推翻了君主政权并公布了《人权和公民权宣言》（*Déclaration des Droits de l'Homme et du Citoyen*，简称《人权宣言》）。这是世界上规定基本人权（与美国宪法类似）最具有影响力的文件之一。尽管宣言的目的是赋权于所有人，但那些祖先非"白人"者仍然在广为接受的观念和法律下被看成是生而下等，被剥夺宣言中所列的权利。

今天，我坐在纽约市地铁一号线的列车上，从市区向北驶向曼哈顿上城。区区半个小时的行程，其间乘客上上下下，形色各异，祖籍来自不同的地方。他们不仅看起来外形各异而且还操着不同的语言。我听得出且能流利使用的有葡萄牙语和西班牙语，那些说这两种语言的人有着典型的巴西、亚速尔群岛、波多黎各、墨西哥和秘鲁口音。我还听到了我不懂的其他语言以及口音各异的英语。乘客也许是本地居民、观光客、商人和学生的混合体，如此丰富鲜活的人类多样性，如今在世界各大城市都是寻常可见的。

一些人对这样的人类多样性大加赞赏，而另一些人则大加斥责，鼓吹所谓的人种就应该在地理上分而治之，不应该相互通婚繁衍。就算到了今天，一些人仍抱有曾经颇为流行的观念，即“白种人”在智力上、健康上以及其他特征上更优异。虽然与过去相比，现在越来越多的人开始反对白人至上观念（white supremacy），但其流毒仍在。经济分层化、仍在施行的种族隔离和人种类别的分类就是证据。即使在反对所谓特定族群优越论的一些人中，也有人认为存在着差异明显、由基因决定的人种。这种看法也是相当普遍的。

本书的一部分是我从小观察人种关系冲突的结果。20 世纪 60 年代的民权运动音容犹在。电视上马丁·路德·金（Martin Luther King Jr.）充满感染力的演讲历历在目。演讲的回响和激发的希望都让我激动不已，然则人们仅仅因为其祖先背景而受到低人一等的待遇又让我大为震惊。得知他被刺杀的消息时，我才不过 11 岁，我为他的家人深感悲哀。

20 世纪 70 年代中期读高中时，我一直生活在亚利桑那州东部一个小镇上，距离墨西哥边境不远。那时，我的许多朋友利用暑期在杂货店为客人打包挣得最低工资，我则更喜欢在当地一家种植棉花的农场里干活。工友们往往是跨过墨西哥边境的非法移民，我经常听到他们被唤作“出苦力的”（wetbacks）或“墨西哥佬”（spics），仿佛他们不是人一样。我和几个墨西哥人在肩并肩除草的过程中建立了友谊，其中有一位成了我的挚友。很明显，他受过良好的教育，聪明伶俐，但是他放弃了在墨西哥城做一名商业艺术家的机会，只因为在亚利桑那的农场中干活挣得更多。他能说一些英语，但我们绝大多数的交谈都是用他教我的西班牙语，每天我都盼着和他学习。有天早上他没来，后来我才知道，边境巡逻警察将他驱逐出去了。

是他让我对他的语言文化产生了兴趣，而这实质上塑造了我的职业生涯，并最终促使我学习西语和葡语，并在攻读博士学位期间辅修了拉丁美洲研究专业，以及对墨西哥、危地马拉、秘鲁、玻利维亚和巴西做了数十年的研究。也许他因深色皮肤和迥异的社会政治背景被视作低人一等，但是我把他看成是对我影响深远的老师和朋友。时日久矣，其名和住址均不可考，但我仍时常记起他，也希望他记着我。

另外，本书也是我作为遗传学家与同事一道所做的有关人类遗传变化的科研发现和全世界实验室研究所得的结果。可惜的是，很少有人意识到我们到底对人种的遗传基础知道多少，或者更准确一些地说，我们对此欠缺了多少。对一些人而言，人种遗传的概念不证自明。但是进一步的遗传研究已经证明，与我们所认知的人种相关的基因变异只占所有基因变异的一小部分。从全球范围来看，不存在所谓人种的严格的基因分野。而且，世界上的人类多样性包含了撒播到全人类的数不胜数的基因变异，而这些基因突变又以复杂的形态多重地排列组合在一起。遗传变异一部分与地缘祖先谱系相关，但是多数遗传变异，都可溯源到 10 万年以前，那时人类生活在非洲。远古非洲的遗传变异现今已经扩散到了世界上的不同人群之中。

人种的分类是存在的，但这多是根据一套社会属性所下的定义，而不是遗传学上的区别。法律上对人种划分的类别因国而异、因时而异，主要取决于具体社会和国家的社会政治现实。泾渭分明的人种分类概念产生于数世纪之久的移民历史之中，与凌驾一切的白人至上主义世界观相联系，这一所谓的龙生龙、凤生凤的遗传宿命在现代科学中毫无根据。

最近，大样本分析人类 DNA 的科学方法已经揭示了海量的基因信息，包含任何特定个体的地缘祖先谱系的精细化分析。这些方法所表彰的严格的遗传分野与传统的人种分类格格不入。它们所揭示的是复杂而又奇妙的人类祖先背景，反映了古往今来已知的人类迁徙历史。祖先谱系的复杂性绝非简单化的人种分类，而是更准确、更有意义的人类遗传构成的表达。本书借助科学方法条分缕析地论证了人类遗传多样性的复杂，反对把简单化的人种当作想当然的生物学实体。人种分类满足了社会存在的现实必然是社会属性的，同时它也是现今和未来激励我们战胜歧视的靶子。

经由科学对人类遗传多样性获得更深入的理解有着极端的重要性，特别是因为这样的理解驱除了何为人种的错误理论。本书总结了目前为止人类多样性的遗传基础、探讨遗传基础是如何演化和对我们意味着什么。本书描述了新近的研究成果以及人类遗传变异与色素沉着、人类健康和智力的关系，而所有这些在过去都简单且错误地归因于人种。最后，我们可以了解写进我们DNA 里的演化历史并解释作为物种的人类的遗传整体，以及我们的遗传多样性是如何形成的。

Chapter 1

第 1 章

何为人种?

What Is Race?

梅瑞德·杰特（Mildred Jeter）是一名非洲裔美国妇女，其祖先为美洲原住民。1958 年，她嫁给了祖先来自欧洲的美国人理查德·拉翁（Richard Loving）。夫妻双方都是美国公民，居住在弗吉尼亚州。夫妻二人前往华盛顿特区完婚，因为当时弗吉尼亚州狂热地执行《1924 年种族完整法案》（Racial Integrity Act of 1924）。该法案规定："如果白人与有色人种通婚，或有色人种与白人通婚，即犯重罪。"[1] 该法案对"有色人种"的定义来自所谓的一滴血原则（one-drop rule），意思是任何人如其祖先不是完全的"白人"，即使只有"一滴"非

白人的血，其在法律上都被认定为有色人种。梅瑞德·杰特符合弗吉尼亚州有关有色人种的定义，而理查德则是正儿八经的白人。

二人婚后不久返回位于弗吉尼亚州的家中。一天半夜二人入睡之时，警察强行冲进家中将他们逮捕。1959 年，二人被判有罪，随后的最高法院案例记载了当时判案法官的话："万能的上帝创造了白种人、黑种人、黄种人、马来种人和红种人，并将其置于不同的大洲之上。因对上帝安排的干扰，该婚姻之法锁无效。上帝将人种分而治之表明上帝无意混血。"[2]

该案件于 1967 年也就是两人婚后第 9 年延烧至美国联邦最高法院，最高法院认为弗吉尼亚州的《种族完整法案》违反美国宪法的平等保护条款（Equal Protection Clause），因此违宪。在一致意见中，最高法院首席大法官厄尔·沃伦（Earl Warren）写道:

> 显而易见，除了不公平的种族歧视作为辩解的理由外，弗吉尼亚州《种族完整法案》的人种分类再无依据。弗吉尼亚州仅禁止白人与有色人种通婚（而不禁止有色人种之间的婚姻）的事实表明，种族分类只是出于维护白人至上主义目的。我们始终如一地反对出于人种原因将宪法用作限制公民权利的尺度。毫无疑问，仅仅因为种族分类而限制婚姻自由违反了宪法的平等保护条款的中心思想。[3]

当时，美国还有 16 个州立法限制跨种族婚姻，此类立法被冠以《反混种生育法》（ Anti-Miscegenation Law ）之名。正如最高法院首席大法官沃伦在其法律意见中所表明的那样，此类法律均告无效。但即使是这样，仍有几个州在判决生效的若干年里拒不执行。美国最后一个反混种生育法是在亚拉巴马州以公民投票的形式废除的，时值 2000 年。[4] 类似的法律在其他国家至少都被执行到了 20 世纪末，最典型的例子就是南非的种族隔离制。南非的《禁止通婚法》（ Prohibition of Mixed Marriages Act ）和《违反道德惩治法》（ Immorality Act ）于 1985 年废止。[5]

此类法律概念之根据就是种族优越论，想当然地认为种族是基因遗传的。人类的外在特征显而易见，而广泛、可见的遗传多样性同样显而易见。同样明显的是，祖先能够追溯到同一特定地理范围的人群表现出典型的相似遗传特征，而祖先来自不同地理区域的人表现出不相似的遗传特征。更进一步讲，我们人类似乎天生具有给几乎所有事物划分类别的特性，即使类别的界限颇为复杂、模糊，甚至根本不存在。而分类不可避免的后果就是人们受到现在我们所称的绵延过去好几个世纪的人种概念的羁绊。

指代人种的词 *race* 在英语里有两个截然不同的意思，来自完全无关的两个词源。作为赛跑的 *race* 来源于古斯堪的纳维亚半岛语 *ras*，这和本书中要说的人种在意义上和词源上都毫无关系。作为表示具有共同遗传谱系的一群人、动物或植物的 *race* 来源于古意大利语的 *razza* 并以拉丁词根的形式在英语、法语单词

race、意大利语 *razza*、西班牙语 *rara*、葡萄牙语 *raçe* 和罗马尼亚语 *rasa* 中保留了下来。英语中最早使用人种一词要追溯到大约公元 1500 年的文艺复兴时期。

在现代，*race* 一词几乎只用于人。我们甚至总是用它表达全体人类，如在短语 *the human race*（人类）中一样。但是如果我们回溯不长的时间就会发现，*race* 更偏重于在遗传上划定的一群动物和植物上使用。要理解 *race* 一词的概念是如何应用到人类身上的，我们需要检视其更早的用法，尤其是在驯养动物方面的用法。

人类种植庄稼、侍弄瓜果、圈养动物的历史不算长。一些人拥有土地，另一些人租种土地。无论贫穷富裕，大多数人都熟知家畜，了解这些家畜的不同，对它们属于不同的种类了然于胸。例如，达尔文在其 1859 年出版的最广为人知的著作《物种起源》第 1 章中就使用这一术语达 43 次之多。除了描写赛马外（英语 racehorse 表示赛马，*race* 此处表示比赛意。——译者注），其他所有使用 *race* 的场合，*race* 都表示遗传上可以区分的不同的动物或植物。下面引自《物种起源》的话即为一例："当我们观察家养动物和栽培植物的遗传变种或族（race），并且把它们同亲缘密切近似的物种相比较时，我们一般会看出各个家养族，如上所述，在性状上不如真种（true species）那样一致。"[6]

有意思的是全书达尔文只有 3 次用 *race* 指代人类。例如其中一例，他承认，他那个年代人们对人类变异原因的无知，他说：

“但是我们在探究相当重要的已知和未知的变异法则时，我们是极度的无知。同样的道理，我也许能举例说明我们对人种（the races of man）间那些明显差异的无知。”[7]

在 19 世纪，*race* 一词指一个宽泛的一群相关类别的动物，而 *breed* 这一术语则被用于更具体的亚族（sub-grouping），即使两个术语在实际使用时有着大量的重叠。例如，斗牛犬（bulldogs）、卷毛犬（poodles）、牧羊犬（shepherds）、猎犬（hounds）、㹴（terriers）和寻回犬（retrievers）都被看作是犬的不同种（races）。每种犬又有不同的亚种，例如猎犬（hound）包含寻血猎犬（blood hound）、猎浣熊犬（coonhound）、短腿长耳猎犬（basset hound）、灰猎犬（gray-hound）、腊肠犬（dachshund）和小猎兔犬（beagle）。这些犬在过去和现在都被认为是猎犬的不同品种（breeds）。现代用法中 *race* 已然在动物分类中弃而不用了。例如，美国犬业俱乐部（American Kennel Club）就把猎犬统一划分为群（group）而不是种（race）。[8]

动物中品种（breed）和种（race）的显著特征就是两者都有真实繁育（breed true）的能力。也就是说同一品种（breed）或同种（race）的个体能够持续地、可预测地、一代代地繁殖同种个体。例如，两只短腿猎犬交配，其所有子代都能够持续且可预测地拥有短腿猎犬的性状（characteristics），如长而下垂的耳朵、松弛下垂的皮肤、短腿、相对修长的身体、短毛和具有猎犬典型的低沉吠叫。纯种（*purebred*）一词用于表示特定品种的一员没有任何其他品种的祖先，这样一来就被动物血统记录为纯种。动物饲养者特别在意饲养的动物要为纯种且只能与同一个品种的个体交配，因为纯种个体在市场上尤其能够卖得高价。一匹有着优良血统记录的纯种马的价格远高于非纯种马。对狗来说血统优良的纯种小狗要价更高，所以要找到杂种狗的买家倒也不是那么容易了。

当不同品种的个体交配时，他们的第一代子代常常具有统一折中的父母特征，但有一些特征则更趋近于父母中的一方。这些子代在生物学上被称为**杂交种**（*hybrids*），当两个杂交种交配时，他们常常不能真实繁育。而且杂交种的子代特征与杂交种表现出来的特征有所差异。达尔文注意到了这一现象，他在《物种起源》中写道：“首次杂交或第一代中杂种的变异性程度轻微，比之其连续世代极大的变异性是一桩奇事，值得我们注意。”[9] 在同一段落他叙述了动植物饲养者数世纪之前就熟知的一个现象，即杂交体的一致性（uniformity）和杂交体子代的变化性（variability）。或者换句话说，杂交体的无法真实繁育性。

在过去的几个世纪里人们使用 *race* 一词描述不同的人群，这和他们用同样的术语描述动物种群颇为相似，不足为奇。祖先来自世界某个特定地区的人们都倾向于具有某些遗传的外在特征，如相似的面部特征、眼睛、头发和肤色。他们的孩子也遗传了类似的特征。然而，祖先来自不同地区的人们生育的孩子往往具有夫妻双方折中的特征，而在接下来的后代中特征会发生变化。这一部分是因为动物和人类遗传特征发生机制的相似性，还有一部分是因为文化、政治和宗教传统的缘故。种族纯净（racial purity）和种族优越感起起伏伏，无穷尽矣，跨越了不同文化、地理和时空。今天，种族纯净和优越论仍然如影随形，一些最阴险的行动就发生在不久以前，都是拜种族优越论所赐。种族纯净和优越论是两个相关运动的基础并被历史上的某些国家采用，写入法典之中。这两个运动就是优生运动（eugenics movement）和反对混种生育运动（antimiscegenation）。

1883年，弗朗西斯·高尔顿（Francis Galton）创造了术语“优生学”（*eugenics*），意指人类遗传的人工改良，这多少和动植物人工育种差不多。这种人类直接选择性育种让大多数人瞠目结舌，难以置信。但劝说那些被认为遗传上不适宜生育的人不生育或者在法律层面禁止那些人生育却看起来更容易接受。优生运动借着所谓的白种人优越论的暗流蓬勃发展了一段时间。所谓白种人就是那些祖先来自北欧、英国或斯堪的纳维亚半岛的人。标榜优生学的书籍和文章大量出现。例如，雷金纳德·普纳特（Reginald Punnett），这位著名的英国遗传学家在1913年写道：“通过规范婚姻并鼓励适宜生育的人结合，把不适宜生育的人分开，我们就可以消除世界上由疾病、羸弱和邪恶带来的肮脏和痛苦。”[10]

美国第一部优生法于1907年生效，要求不适宜生育的人强制绝育。在1910年到1930年间，许多州还有欧洲的一些国家都以立法的形式将不愿绝育的人送进了监狱和精神病院。与绝育法律相伴的是反对混种生育法，其禁止跨种族婚姻，通常定义为“白种人和非白种人”“白种人和有色人种”之间通婚，该法意在维护所谓的白人血统纯净。在所谓优生改良和种族纯净的幌子下，在所谓优生手段可能改善人类社会的谎言中，人种优越论大为流行，但所依赖的科学论据经不起推敲。

20 世纪的第一个 10 年里，优生运动在全世界范围内大行其道，并在 1930 年至 1940 年的纳粹统治时期达到了顶峰。纳粹主义的一个基本信条就是所谓的北欧人种的雅利安人（Aryan）优良人种优越论。该人种有着浅色皮肤和头发、蓝色或绿色眼睛且为日耳曼祖裔，自称智慧超群、孔武有力。纳粹政权就是用所谓的遗传背景低人一等（*Untermenschen*，德语，字面意思是“在人之下”）的理由屠杀了数百万人，这些人在纳粹看来对雅利安人种造成了威胁。虽然罗马人（吉卜赛）和斯拉夫人（大多数为波兰人）和俄罗斯人也惨遭杀害，被认定为同性恋和精神病患的人们也惨遭屠戮，但大多数大屠杀受害者是生活在欧洲的犹太人，共计大约 600 万人。[11]

鲜为人知但同样是为了保存和增加遗传完整性和优越性的是纳粹《反混种生育法》和“生命之源”（*Lebensborn program*）计划。《反混种生育法》是纽伦堡法案（Nuremberg Laws）的一部分，最初是反犹太人的，把有四个日耳曼祖父母的人定义为日耳曼人；有三个或四个犹太祖父母的人定义为犹太人；有一个或两个犹太祖父母的人定义为 *Mischling*（德语，意为混血或杂种）。其法律条文颇为复杂，但根本点就是要求种族隔离和对非雅利安人的歧视。此类法律最终扩展到了歧视吉卜赛人和非洲黑人，认定其不适宜与日耳曼人结婚。

“生命之源”计划是纳粹秘密进行的通过直接人工配种建立优良人种的行径。该计划与纽伦堡法案均在1935年生效，由海因里希·希姆莱（Heinrinch Himmler）负责执行。该计划的目的是确定人种上纯净的北欧雅利安男女——其中多数为青年男女。申请加入该计划的女性需要通过人种优良测试。男性则是党卫军成员，用于作为该计划下所生孩子的生物学父亲。希姆莱颁布政令，规定党卫军应该尽可能多地成为“生命之源”计划儿童的父亲，是否婚生不必要求。计划为所生儿童提供居所，其用品均由洗劫犹太家庭所得提供。由于该计划的实施，至少有1.75万个孩子出生，其中大多数在第二次世界大战后被人收养。[12]

第二次世界大战后该秘密计划被公之于世，优生法名誉扫地，最终被申请废止或停止执行。尽管如此，在美国仍有超过6万人因为此类法律而被迫做了绝育。[13] 虽然有些国家的反混种生育法被申请废止，但仍有许多在第二次世界大战后生效执行，足见人种纯净谬论流传之深。在美国，由于本章开头所述的最高法院判例“拉翁诉弗吉尼亚州”（*Loving v. Virginia*）一案，此类法律出现了戏剧性的绝对终止。

反混种生育和优生法肇始于要保留人种优良纯净的想法，这和保持家养动物的纯种繁育类似。虽然相似的遗传方式在人和动物身上可见，但是认为动物品种就等同于所谓的人种却有着致命的错误。

首先，人类对家养动物的人工育种利用了纯种动物拥有的真实繁育的特征，这种方法是极端育种的结果——在品种的变异性中寻求一致性——这种操作大大超越了人类中自然变异的极限。以吉娃娃犬（Chihuahuas）和大丹犬（Great Danes）为例，两者在身形和其他特征上的不同颇为极端，这种变化程度远远超过了人类外在特征的变化程度，而且这些极端变化是集中直接育种的结果。虽然人类历史上多数时候存在两性交合的诸多禁忌，但人类从未受制于动物育种的那种集中育种环境之下。所以说，是地理位置的邻近和文化传统——而不是人工育种——成为历史上最有力的影响人类两性交合的因素。

其次，把人种和动物品种画等号的致命错位在于，历史上尤其是现代历史上人类是高度迁徙的物种。虽然历史上孤立繁育在某种程度上部分地造就了人类地缘性遗传的多样性，但是在我们的 DNA 里有证据证明，最主要且复杂的人类迁徙活动已经散播，并且持续将人类大多数的遗传多样性散播到我们这个物种身上。[14]

以上两点以及其他因素产生的结果就是，要划分出世界范围内的人类地缘族群分割线其界限必然是模糊的，也是无法确定的。哈佛大学遗传学家理查德·勒沃汀（Richard Lewontin）教授，对这一情形的认知描述颇为精到：

> 人种分类是将人类形态上和文化上的特征分布的明显节点固化下来的一种企图。然而，这么做的困难是，尽管在分类学（taxonomic）上确实存在这样的节点，但

是人群的分布位列节点的四周，所以界限的划分必然是武断的。[15]

上述引文出自勒沃汀的文章《人类多样性的分配》（*The Apportionment of Human Diversity*），这是业已发表的有关人种生物学基础最重要，但最被误读的文章之一。在20世纪60年代和70年代之前，科学家能够信赖的可供检测人类遗传多样性的方法不多。他们的假设大部分建立在人类外部特征之上，进而推测有多少多样性是遗传的变异，有多少是非遗传、环境造成的变异。而且多数猜测带有偏见，正如勒沃汀指出的那样，“这些偏见，几乎都来自大多数人习以为常的特征（鼻子、嘴唇和眼形、肤色、毛发形态和数量）”。[16]这些特征的变化仅仅代表了人类整体遗传多样性的很小的一部分，而用它们做分类的主要原因无非是我们的大脑最容易辨识、最习以为常这些变化着的特征，而且这些特征也使我们有意无意地总是把它们和祖先起源的不同地理位置的人群相联系。而其他的外在特征因人群而异，无法被传统的人种类别归类罢了。

例如，成年人的体重在很大程度上是遗传决定的，世界不同地区的人群体重变化非常显著。假如我们根据体重分离人群，那么结果就会与传统的人种分类关联甚少。世界范围内平均身高最高的人是荷兰人，而在最高的人群中，排在第一位的是东非的马赛人（Masai）。一些生活在热带的土著居民，其平均身高是最矮的，这些人包括非洲的姆本加人（Mbenga）、姆布蒂人（Mbuti）和特瓦人（Twa），位于南亚和东南亚的安达曼人（Andamanese）、埃塔人（Aeta）、巴塔克人（Batak）、兰帕莎萨人（Rampasasa）、塞芒人（Semang）和塔龙人（Taron），位于澳洲的雅加布卡人（Djabugay），以及位于南美亚马孙河流域的亚诺马莫人（Yanomamö）。上述身高极端变化的一些遗传基础有着完整的记录，很可能是自然选择的结果。[17] 很明显，这些身高变化无法反映人种或地缘分类的模式。

另一个明显的例子是秃顶（pattern baldness）。秃顶是一种常见的遗传特征，人群中差异很大（绝大多数为男性秃顶，女性较少受此困扰）。具有此遗传特征的人的祖先能追溯到世界各地。虽然秃顶显而易见且在世界上均态分布，但是秃顶从未被当作人种分类的标准。把秃顶和不秃顶的人划分到不同的人种中去很荒谬。只有一小部分的遗传特征是和祖先起源的地理区域有关联的。

那些外在不够显著的遗传特征，如血型以及其他生化指标则在人群中具有差异变化。当然了，我们是不能通过简单地瞅一眼就得知某人的血型，但是通过实验室分析却能相当精确地确定血型和其他遗传的生化指标。到 20 世纪 70 年代，科学家已经建立起了一系列的方法，以极高的准确度量化某些肉眼看不见的遗传多样性。勒沃汀追问，这些生化多样性是否和传统的人种分类相关？也就是说，人们倾向于与不同人种挂钩的外在差异和科学家在实验室测得的精确遗传变异是一一对应关系吗？

我们都是非洲人

他的结论令人震惊，其重要性始料未及，自发表之日起撼动了人种分类的根基。勒沃汀检视了来自不同地区的 7 组受试人群的 17 个不同的基因。这 7 组人群在文章中依次命名为阿美尼斯人（Amerinds）、澳大利亚原住民（Australian Aborigines）、非洲黑人（Black Africans）、高加索人（Caucasians）、蒙古人（Mongoloids）、大洋洲人（Oceanians）和南亚原住民（South Asian Aborigines）。他发现每个组内受试遗传变异的程度超过了组间变化程度。也就是说，在某一特定人种小组中的人与人之间的变化超过了该组与其他组比较所得的变化。通过他的估算，平均而言，组内全体遗传多样性比为 85%，而组间比为 15%。他还注意到，“某一人种内的个体差异又额外增加 8.3% 的遗传多样性，所以仅有 6.3% 是人种分类的遗传多样性差异”。[18]

再以血型举例，A 型、B 型、AB 型和 O 型血在勒沃汀所确定的组间有变化，其变化与每组内的变化不成比例。例如，以上四种血型在欧洲人组和非洲人组都有呈现，尤以 O 型血在两组中占比最大，在非洲组中就更加广泛。因为所有四种血型在每一组内都有呈现，所以祖先是欧洲人的个体也许与祖先同是欧洲人的另一个体的血型不相同，而与祖先是非洲人的某个个体的血型相同。事实上，目前医院血库确定血型只会根据生化血型（biochemical blood typing），而不会看献血者的人种类型（虽然有时也未必如此）。[19]

勒沃汀的分析迅速蹿红，因为其似乎为反对人种不平等的生物学基础提供了科学证据而且具备了极佳的政治时机。勒沃汀的文章发表于 1972 年，此时美国的民权运动得到了可观的政治支持，频频见诸报端。勒沃汀的文章常常被引用，即几乎没有证据支持种族分类。这样的分类至多不过是社会性的，而非生物性的，这和目前的证据是相符的。

所以，当世界首屈一指的统计学和人类遗传学家、剑桥大学教授 A.W. F. 爱德华（A.W.F. Edward）于 2003 年发表针对勒沃汀的文章《人类基因多样性：勒沃汀的谬误》（Human Genetic Diversity : Lewontin's Fallacy）时，情况急转直下。爱德华言之凿凿："勒沃汀的统计学分析遗传变化没有错，只是进一步助长了人种分类的观念。"[20] 爱德华指出，勒沃汀分别独立检测了 17 个基因，但所谓独立无从保证；一个基因的变异也许与另一个基因的变异相关，而这样的相关性，在使用分类数据时必须予以考虑。例如，爱德华指出，人类学测量头颅长度（颅后到额前）和宽度（颅骨的一边到另一边），如果只分别测量长度和宽度而互不参照，并得出人类颅骨变化的数据，这种可能性是有的。但是如果这样做就会错失一个要点，即颅骨的长度和宽度二者相互依存，颅骨尺寸的整体增加是颅骨长度和宽度共同作用的结果。随后爱德华特别指出，人类遗传多样性的一系列研究都考虑到了这种相关性。相关性在描述人类遗传多样性和建构多样性分类系统中至关重要。

在质疑勒沃汀所做研究的一系列结论后，爱德华肯定地总结道：

（勒沃汀所宣称的）“人种分类……实质上没有遗传或分类学上的显著性”，这一论断是不正确的。《自然》杂志发表的“从任意一组随机选择两个个体所呈现的差异和从世界上随机选择两个个体所呈现的差异几乎一样巨大”，这一论断也不正确。《新科学家》杂志发表的，“两个个体不同是因为他们就是两个个体，而不是因为他们属于不同的人种”和“你不可能通过基因预测一个人的种族”，这样的论断也不正确。以上论断也许正确的前提是所有特征研究都必须是孤立的，然而情形刚好相反。[21]

那么，两人到底谁是对的呢？当勒沃汀在 1972 年开始他的研究分析时，他研究的人群和基因数量仅仅占目前受试人群和基因研究数量的极小部分。更广泛的研究已经证实了勒沃汀和爱德华二者的结论的正确性，但是一些研究者从勒沃汀的结论推导出来的许多论断都是不正确的。2004 年，犹他州立大学医学院人类遗传学家林恩·乔德（Lynn Jorde）和史蒂芬·沃丁（Stephen Wooding）对几份大样本研究结果做了总结。他们证实了作为物种之一的人类其多样性远远少于其他物种。根据他们的估计，全世界人口平均差异度大约是 0.1%，这一证据表明全人类在遗传上是非常近似的。随后他们证实了勒沃汀的主要结论：

如果个体间的差异是 0.1%，那么世界主要人口中的差异又是多少呢？考虑到旧世界三大洲（非洲、亚洲和欧洲，与通常所说的三大“主要人种”分别相对应）的人口比例，85% ~ 90% 的遗传变异都可以在三大洲中找到，而三大洲之间仅有剩下的 10% ~ 15% 的差异……这些估计……告诉我们，在 DNA 层面人类的差异极小，而在这些差异中仅有一小部分区别开了大洲上的人群。[22]

来自许多个体及其 DNA 信息的积累也揭示了 DNA 信息与三大洲人类祖先地理位置的一一对应关系。在所有的研究案例中，即使在样本仅用于检测 DNA 变异而不考虑其他变异特征的情况下，乔德和沃丁也能够准确地将欧洲人、东亚人和撒哈拉以南非洲人与相应的发源大洲一一定位。然而，两位作者又立刻指出，他们的数据不支持传统的人种分野：

得出的遗传数据要是证实了有关人种传统概念的结论倒是颇有诱惑力。但是分析中使用的个体数据来源于三个地理上互不相连的区域：欧洲、撒哈拉以南非洲和东亚。当南部印度人（印度处于上述地理位置的中间地带）的样本加入分析后，这些个体的特征与东亚人、欧洲人的特征出现了显著的重叠，这也许是过去的 1 万年间出现的难以计数的欧亚大陆向印度地区人口迁徙的结果。

> 所以印度南部个体无法单独被称为一个“人种”……因此，人类祖先这个概念是一个有关个体，而非人种的更精微更复杂的遗传组成的描述。[23]

这一段引文对人类科学数据抽样及其解读尤其关键，也常常引起有关人种分类概念的错误解读。我们人类这一物种是高度迁徙性的；人类已经在地球上迁徙了数千年，导致遗传变异的地理分布很复杂且有重叠，分布上更连贯而非间断。当人群的样本来自地理上不连接且极端的位置时，如欧洲北部、东亚、撒哈拉以南非洲、澳洲和美洲，而不包含那些祖先来自地理连接地带，如中东、中亚和南亚时，数据展示了不连贯的分布，且能被归入不同的族群类别中，这一点儿也不奇怪。但即使是这样仍有 85% 的基因变异是在这些不同族群中共有的。世界范围内能够更精确地代表人类的取样应该是对世界各地的人群取样。当取样在地理上更广泛，DNA 分析的明显重叠就显现出来，而所谓的不同的人种也就消失了。

我们现今拥有的大量科学证据揭示了人类多样性复杂和交错的历史，为我们提供了前所未有的反对种族主义的更令人信服的证据。在下面几章我们会深入探讨这一证据，看看有关整个人类大家庭的历史会告诉我们一些什么。

Chapter 2 第 2 章

源在非洲

African Origins

梵蒂冈西斯廷教堂的穹顶上是米开朗琪罗的不朽壁画，这是其艺术生涯最辉煌的胜利。这些壁画描绘着《圣经》的故事，在穹顶的中间三段描绘着上帝创造人类的场面。也许其中最为著名的就是由天使围绕的上帝伸出手触碰亚当的手指恩准他获得生命。穹顶的正中间描绘了夏娃由亚当的一根肋骨而出——亚当被施以神圣麻醉术，沉睡而去——上帝由此让夏娃出现。穹顶中部的第三段描绘了两个故事，一个是化身毒蛇引诱亚当和夏娃的路西法（Lucifer），另一个是亚当和夏娃被挥舞宝剑的红袍天使逐出伊甸园（见图 2.1）。

图 2.1 米开朗琪罗所作西斯廷教堂穹顶壁画。图片来源：弗里茨·卡纳帕（Fritz Knapp）发表于 1906 年的著作《米开朗琪罗，166 幅名作的大师》（Michelangelo: des meisters werke in 166 Abbildungen）

与 16 世纪意大利广为接受的《圣经》中的上帝创世说一致，米开朗琪罗将亚当、夏娃、上帝、路西法，以及众天使都描绘成高加索人的模样。这和米开朗琪罗身前身后的欧洲、美洲艺术家们所创作的难以计数的亚当夏娃的作品如出一辙。这一趋势一直延续至今。位于美国肯塔基州彼得堡的创世博物馆（The Creation Museum in Petersburg，Kentucky），其位置离俄亥俄州辛辛那提市郊不远，展示了真人大小的亚当和夏娃模型，其特征就是高加索人的模样，这和大多数当代美国宗教中的亚当夏娃的描述一致。

不过，现代科学的描绘则与之大相径庭，人类起源和遗传基础成为遍布世界的人类多样性的主因。科学的途径依赖于广泛原始资料所展示的充分证据，包括人类学遗址挖掘、人类遗传特征如何分布及代际传递，以及来自代表世界各地人口的数千人大规模的 DNA 样本分析。充分的证据和无懈可击的细节揭示了人类作为物种在何时何地起源以及如何在世界各地繁衍。

证据可以分为两类。第一类是人类学证据，来自人类学遗址的古人类骨骼残骸和人类活动遗址的遗物，如工具、装饰品、陶器、废料和建筑遗址。第二类是人类基因，包括人群的遗传特征分布，伴以指数级增长的 DNA 海量证据。虽然这两类证据大部分是彼此独立的，但却讲述着本质上相同的故事。其主要结论如今有来自人类学和遗传学的支持，是经得起推敲、在科学界已成定论的，即人类这一物种起源于非洲。

单看人类学这一项证据就足以说明问题。最古老的也就是人类学家所称的“解剖学上的现代人类”（anatomically modern humans）的遗骸，其骨骼特征和现代人一致。他们毫不例外的都来自非洲，回溯到大约 20 万年以前。与此相对照的是非洲之外的解剖学上的现代人类遗骸则仅有 10 万年的历史，这些遗骸发现于现今所称的以色列，确切地点是卡夫泽赫（Qafzeh）和伊斯胡尔（Es Skhul）洞穴。[1] 这一支人类显然于 7 万年前绝迹且没有留下现代人类子孙。6 万年或晚于 6 万年前的解剖学上的现代人类在非洲境内和境外都有发现。距今越近他们的数量越是巨大，分布越广。遗骸分布的地点和时间都与人类大约六七万年以前走出非洲，历经数代最终遍布全世界的假说相一致。

然而，有证据表明有类人物种（humanlike species）生活在亚洲和欧洲，其时间远早于这些区域发现的解剖学上的现代人类。例如直立人（*homo erectus*）至少在200万年以前走出非洲，时间大大早于解剖学上的现代人类，他们横跨亚洲进入现今的中国和东南亚。尼安德特人（Neanderthals）的祖先很明显是在大约70万年以前从非洲跨越了现今的直布罗陀海峡，迁徙到欧洲的西班牙地区，并在那儿繁衍生息。尼安德特人随后扩展到了全欧洲和中东的大部分地区。[2]

那些早于解剖学上的现代人类的类人物种化石在非洲以外的地区广泛分布使得一些科学家相信所谓的人类多起源假说（*multiple-origins hypothesis*）。该假说认为现代人类起源于类人物种已经生活过的世界上的不同地区。与该假说相对的是单一起源假说（*single-origin hypothesis*），有时也被称为“走出非洲假说”（“Out of Africa” hypothesis），盖因解剖学上的现代人类演化于撒哈拉以南非洲，进而人类的不同族群迁徙出非洲成为当今世界上所有祖先不在非洲的人类的祖先。值得注意的是，两种假说都提到了撒哈拉以南非洲作为所有现代人类原始祖先的起源地。[3]

随着挖掘出的人类学证据逐年剧增，其更加支持单一起源假说。例如，从大约6万年以前开始，解剖学上的现代人类和尼安德特人在欧洲和中东出现重叠，直到大约2.6万年以前当地的尼安德特人惨遭灭绝。

如果人类源于那些地区的尼安德特人，我们则希望看到解剖学上的从尼安德特人向现代人逐渐转变的化石。但刚好相反的是，当地的尼安德特人和现代人类的化石年龄都处在六七万年之间，这与现代人类迁入尼安德特人占据的区域这一说法相一致。

尼安德特人的 DNA 一经发掘和检测，其证据就表明除了那些祖先完全来自非洲的人以外，世界各地的人类都拥有一小部分尼安德特人的 DNA（少于 4%）。[4] 例如，经 DNA 测试，本人拥有 2.8% 的尼安德特人 DNA。有些人据此反对说，这正好支持了多起源假说。但情况正好相反，它支持的是单一起源假说，并表明大约 6 万年至 2.6 万年以前在中东和欧洲的现代人类和尼安德特人有着有限交合状况的发生。正是在这个时间段，现代人类和尼安德特人在地理分布上有了重叠。如果真是这样，祖先完全在撒哈拉以南非洲人身上就不会有尼安德特人的 DNA，因为尼安德特人演化于欧洲和中东，当现代人类以独立的物种出现时，尼安德特人已经不在非洲大陆上了。而这也正是 DNA 数据告诉我们的情况：祖先完全来自撒哈拉以南非洲的人不含有尼安德特人的 DNA。

这一情况仅仅是近年来 DNA 分析的海量发现之一。有关我们起源及其历史的证据最充分、最精细且最令人信服的是遗传性的，其来自 DNA 而且无可辩驳地支持单一起源假说。这一证据不仅揭示了我们人类的远古历史，包括人类是在何时、以怎样的方式繁衍于世界各地的，而且 DNA 也解释了有关人种概念的大部分谜团。正是我们的 DNA 多样性为我们提供了最强有力的现代人类非洲起源说的证据，绝大部分证据的收集和分析都是独立进行的，不使用人类学证据做参考。其结果与人类学证据完全一致不谋而合。

我们的遗传历史写在了我们的 DNA 上。“写”这个词自然是比喻的说法，当然没有人拿着笔写下我们的遗传信息。但写下来却是一个精妙的比喻，因为 DNA 承载着线性遗传信息和文字的线性表达相似。而如今科学家能够轻而易举地破解和读取 DNA 信息。

每一个 DNA 分子长且细，由碱基（bases）组成，我们可以把它比作书页上的若干字母。人类的每一个 DNA 分子的碱基数量从数千到两亿个不等。英文字母表上有 26 个字母。而 DNA 的字母表则简单多了，仅有 4 个不同的碱基，我们用字母 T、C、A 和 G 代表。因为 DNA 信息的线性排列，我们可以用这 4 个字母写出任何一个 DNA 分子的线性序列。例如，决定我们眼睛、头发和皮肤颜色的非常小的一段 DNA 有如下的线性序列：

AGCATCCGGGCCTCCCTGCAGC

DNA 分子都是典型的双螺旋结构，也就是说，每一个 DNA 分子都是由一对碱基链组成。一个碱基位于一条链上，另一个碱基位于相对应的另一条链上，它们遵循严格的配对规则：T 只与 A 结对，C 只与 G 结对。所以我们可以写出刚刚提到的基因的双螺旋结构序列，根据 T-A、C-G 规则，第一行的每一个碱基都和

第二行的相对应:

AGCATCCGGGCCTCCCTGCAGC
TCGTAGGCCCGGAGGGACGTCG

请注意，每一个 T 只能和一个 A 配对，每一个 C 只能和一个 G 配对。这种两条链上的碱基配对使得 DNA 的一个核心功能，忠实的复制功能发挥作用。当一个 DNA 分子准备复制时，它的双螺旋链条散开成两条，细胞的复制过程就是一条新的碱基链和其中一条按照 T-A，C-G 规则配对。当复制完成，两条 DNA 分子链在线性序列上完全一致，每个分子的一条碱基链来自原来的 DNA 分子，配上一条新的碱基链。

AGCATCCGGGCCTCCCTGCAGC 旧 链
TCGTAGGCCCGGAGGGACGTCG 新 链

AGCATCCGGGCCTCCCTGCAGC 新 链
TCGTAGGCCCGGAGGGACGTCG 旧 链

这一精确复制就是生物体生殖的基础，最终子代在遗传上和外在特征上与其父母相似，根本而言就是 DNA 忠实复制的结果。

通常来说，虽然 DNA 会忠实地复制一条原先的双螺旋结构分子，产生两个完全一样的双螺旋结构分子，但是在极少数情况下线性序列发生非常轻微的变化，常常只是改变一个碱基对。变化一旦发生改变的线性序列就会依照已经改变的样子忠实地复制下去。也就是说改变是可遗传的。当这些改变发生时我们称之为变异（*mutations*）。然而科学家更愿意叫它们变体（*variants*），因为大多数的 DNA 改变是正常的，这种正常的变体在我们祖先身上就已经出现并遗传了许多代。所有人的全部 DNA 变体组成了我们这一物种的遗传多样性，这些变体来自不同时期发生在我们祖先身上的数百万个变异。

很多变体对我们无甚影响，而有一些变体则影响着我们的外在特征。例如，有一个变体和皮肤、毛发、眼睛的颜色变化有关，这个变体刚好在我们上文提到的那一段 DNA 里面。有些人的这个 DNA 有如下的线性序列

AGCATC**C**GGGCCTCCCTGCAGC
TCGTAG**G**CCCGGAGGGACGTCG

而另一些人的序列是这样的

AGCATC**T**GGGCCTCCCTGCAGC
TCGTAG**A**CCCGGAGGGACGTCG

还有的人以上两种序列都有，分别来自父母双亲。请注意，框起来的 C-G 碱基对在另一条 DNA 上是 T-A 碱基对。含有 C-G 碱基对的这一条 DNA 是原始组，含有 T-A 碱基对的这一条 DNA 是很久以前发生变异而形成的变体 DNA。典型的情况下我们使用原初变体（*ancestral variant*）表示远古人类带有的原初 DNA 线性序列，使用后起变体（*derived variant*）表示那些经原初变体变

异而来的变体。在上文提到的基因片段中 T-A 变体是后起变体，它使得眼睛、皮肤和头发更少色素沉着（pigmentation）。这一后起变体广泛存在于北欧祖先谱系中，而 C-G 碱基对则会产生更多的色素沉着，其广泛存在于欧洲以外地区的人类祖先谱系中。

至此，我们已经简要讨论了 DNA 的性质及其变体。现在我们可以解释一下人类起源的证据，看看对于人类多样性它能够告诉我们些什么。每个人拥有大约 60 亿个碱基对，这些碱基对存在于每一个细胞都含有的 46 条 DNA 分子之中。而且我们拥有的碱基对极其相似，平均而言大约有 99.9% 的碱基对是完全一样的。仅有的一小部分不同的 DNA 使得我们每一个人在遗传上互异。不过这一小部分不同的 DNA 却作用显著。因为 60 亿的 0.1% 就是 600 万，所以一个人身上所拥有的变体与另一个人相比就是百万级的，而两者不同的程度通常取决于两者联系有多密切。

我们身上 DNA 的编码差异成就了世界各地人类的遗传多样性。对多样性的测量不仅是变体数量的测量，还有变体分布广泛性的测量。一个存在于少于 1% 人口中的变体，其产生的多样性就少于一个存在于 10% 的人口中的变体所产生的多样性。科学家已经研究了变体及其广泛性，一个主要的结论实际上已经从每一个世界范围内的大样本研究中出现了：到目前为止最大的多样性出现在近期祖先生活在非洲的人身上。

我使用“近期”一词是因为如果我们回溯的够久远，我们每个人的祖先都是非洲人。因此，近期意味着是过去的数千年内。

非洲人在这个意义上是指撒哈拉以南非洲人。它不包含目前大多数生活在北非、绝大多数在埃及、利比亚、阿尔及利亚和摩洛哥的人。从大的范围讲，他们是由中亚、巴尔干半岛和欧洲迁徙进入北非的人的后裔。我们所说的非洲人同样也不包含绝大多数过去几个世纪从欧洲进入非洲的定居者，例如从荷兰和英国迁徙进入南非的定居者。

世界上拥有完全非洲祖先的人具有最大多样性的原因直接明了地可以用简单的类比说明。当我还是个小学生的时候，我和朋友们经常玩一种石子游戏，我收集的石子最多。这些石子形状、颜色各异。我的一些石子和我朋友收集的样子差不多，特别是那些纯色的石子，有红色、绿色、蓝色、橙色、黄色、黑色和白色。有一些石子色彩斑斓，不是纯色的，因此也更稀少，在我的收集中只出现过那么几次。现在想象有数千个石子，有常见的，也有稀有的，把它们全部倒进一个大盒子里充分混合。假设用一个杯子每次舀出 50 个石子。杯子里石子的整体多样性不可能和盒子里的石子多样性一样。那些稀有的石子几乎可以肯定地说不可能跑到杯子里，一定是留在盒子里的。杯子里大多数的石子也许全部是常见的石子，与盒子里的石子相比无非是比例不同。在任何情况下杯子里石子的多样性都不如盒子里的多样性高，原因就是从一个更大更多样的集合中取样，其多样性必然更小。

从遗传上来说，这一取样现象也同样适用于从某地迁徙而出的一群人。那些离开的人群是原居住地人群的亚组，是带有原居住地人口整体遗传多样性的亚组。他们成为新居住地的人群的祖先，带有更有限的遗传多样性。现在想象一下，几代以后另一组人群从第一组移民的后代居住地迁出。这第二组的遗传多样性就更为缩小。每一个亚组都比其迁出之前的人群的多样性小，所以最大的多样性应该存在于祖先来自最初居住地的那些人身上，而他们的居住地也典型地代表了最原初的多样性。对人类而言，这个最原初居住地，毫无疑问就是撒哈拉以南非洲。

人类遗传多样性的研究始终如一地显示非洲祖先谱系的人的多样性在世界范围内是最大的，而且人类学和 DNA 的证据都强烈地支持下列的描述，即 6 万到 7 万年以前走出非洲的人群最终繁衍出了现在除非洲以外的世界各地的人口。他们带有非洲遗传多样性的亚组多样性。虽然现今世界上由这支走出非洲的人类繁衍的人口远远超过了仍然生活在非洲的人群，但世界上绝大多数的遗传多样性仍然保留在非洲本土。

这一观察解释并放大了上一章讨论过的勒沃汀在 1972 年所做研究的主要结论。他所说的主要地理人群组内比组间具有更大的多样性这一观察主要来源于 10 万年以前非洲反映出来的最原初的多样性，那时候所有的人类都居住在非洲。走出非洲的人群带有原初多样性的亚组多样性，所以许多相同的变体就在世界各地的人群中表现出来，既有非洲人也有非洲以外的人。其主要人群组间的大部分变体都是原初非洲变体，早于走出非洲的时间。[5]更多的近期变体，也就是那些源自走出非洲、遍布世界各地的移民的变体，应该更少见且集中于地理上本地化了的人群。越是近期的变体，越是稀有且越是地理上本地化的。这与爱德华的相关性描述一致，即在更为近期的地理起源的地区这些更为近期的变体之间具有相关性。[6]

所有类型的 DNA 其遗传多样性的模式都是显而易见的，但是最广泛记录它们多样性的是我们所称的**线粒体**（*mitochondrial*）DNA，这是有原因的。一般而言，每个人的基因一半来自父亲，一半来自母亲。但是线粒体 DNA 却是一个非常重要的例外。这种 DNA 与其他的 DNA 相比更多地存在于我们细胞的线粒体中，而且每个人遗传的线粒体都完全来自我们的母亲。所以线粒体 DNA 的变体会通过母系这一支向下遗传，从母亲遗传给她所有的孩子，但是从子代再向下一代遗传的时候只能通过女性来完成，也就是母亲传给女儿。虽然男性也有线粒体 DNA，但它是遗传的终点，不能向下遗传给后代。[7]

线粒体 DNA 与其他 DNA 相比个头较小，仅有 16 569 个碱基对，这和人类的 60 多亿个碱基对的 DNA（来自父母的各占一半）相比少得可怜。所以，线粒体 DNA 对科学家而言是相对容易追踪并测定序列的。然而，它还有一个对研究多样性特别有用的特征，就是线粒体 DNA 不会再重组（recombine）。

对于我们的大多数 DNA 来说，一半来自父亲，一半来自母亲。往上一代，他们身上一半的 DNA 又分别来自其各自的父母，所以你大约各有 1/4 的 DNA 来自你父系和母系的祖父母。

当母亲体内的卵细胞在形成过程中与来自其父母的 DNA 分子聚合并交换片段重组基因信息的序列。这一重组信息序列的过程也在男性精原细胞生长过程中出现。它重组了每一代父系和母系的 DNA。

不过线粒体 DNA 却不重组。它忠实地在代际间复制，仅通过母系向下传递。如果一个变异发生在线粒体 DNA 上，那么这个变异会作为变体通过代际遗传，从母亲传给女儿。然后在其后的代际中，一个新的变体会以第一个变体为背景产生出来。有的人仅遗传了第一个变体，而有的人则遗传了以第一个变体为背景的第二个变体。这种模式在不同时间和不同地点在许多代中不断重复，据此产生了许多新的变体。因为没有重组，所以新的变体会以之前的变体为背景累积堆叠。

一个简单的类比能够说明这些源自线粒体 DNA 不同时期变异产生的一层层堆叠的变体是如何让科学家重塑远古人类遗传的历史。在印刷术发明以前，手工誊写完成了珍贵的手稿。大多数情况下当原稿丢失或不可得，只能用手抄的方式依照其他副本获得新副本。偶然情况下誊写出现一个错误，也许是写错单词或者是漏写，那么依照这个副本誊写的新副本便会一样保留错误。后来又出现另一个誊写错误，连同前一个错误被保留到了好几轮的誊抄中，所以两个错误就这样留存了下来。错误日积月累，更多的错误叠加到之前的错误之上。早先的错误更有可能扩散得更广，而更为近期的错误则仅保留在更少的副本中，范围更为集中。现代文本考据学者可以通过比较所有现存的某一作品的副本并按照时间先后顺序将其分组，最终类推出大部分的最原始版本。

检测线粒体 DNA 序列的科学家可以根据他们找到的变体，重建类似书籍副本先后顺序的不同组别。在不同地理位置的大量人群中广为散播的变体一定是最久远的。在更有限的地理位置的小范围人群中的更稀少的变体一定是较近的。而且在每一个研究案例中更新一组的变体都会叠加在完全一样的较早的一组变体之上，这就让科学家可以按照时间顺序将不同的人类线粒体 DNA 放入不同的组别中，每个组别都隶属于一个更大的组，以此类推。最终，变体汇总到一个最远古的变体组别之中，这就绘制出了一幅母系人类家族图谱。更重要的是，很多受试线粒体 DNA 都来自某些原住人群（indigenous），他们在地理上和生育上都与世隔绝了数代。通过对比这些不同地理区域的原住人群的线粒体 DNA 序列，科学家能够重建远古人类地理迁徙的模型。

我们最新的有关线粒体 DNA 多样性的理解是，它们涉及面广、极为可靠，且来自世界各地不同人群的所有线粒体的 DNA 序列。而且尼安德特人的线粒体 DNA 序列也已经从少数残骸中提取出来，用于与现代人类的线粒体 DNA 做比较。在我之前的作品《进化：对人类的影响及重要性》（*Evolving: The Human Effect and Why It Matters*）一书中，我表达了本章所涉的大部分内容，即线粒体 DNA 证据揭示了远古人类的迁徙路线。现在，我们集中来看几个主要的结论。

我们都是非洲人

世界范围内线粒体DNA最大的多样性都发现于其母系祖先为非洲人的人群中。[8]这些高度多样性的非洲人线粒体DNA可以划分成几个不同的远古大组别之中，我们称之为单倍群（haplogroups）。我们已经发现母系祖先为非洲人的人群中具有7种单倍群：单倍群L0、L1、L2、L3、L4、L5和L6。L0是最不一样的，其在非洲大概早于19万年以前就与其他单倍群分道扬镳。带有L0单倍群的人们大多数都属于非洲原住人群，说着科伊桑语（Khoisan），其大部分居住于非洲南部。其他的单倍群也在非洲发现，并在不同的时间从一个共同的祖先类别各自分化，带有这些单倍群的人们大部分都说着其他非洲语言。

虽然每个单倍群都有其各自有趣的历史，但是L2和L3单倍群与走出非洲的远古和现代移民都特别有关。带有L2单倍群的远古人类（开始于大约9万年以前）迁徙至非洲的西部而后扩散至全非洲。今天，L2单倍群仍然是近期母系祖先为非洲人（无论其是否在非洲）的人群中最常见的，包括那些母系祖先来自非洲西部被当作奴隶的人群。例如，大多数称自己为非洲裔美洲人（位于北美、南美和加勒比群岛）的人就带有L2单倍群。

带有L3单倍群的人从远古开始就扩散至非洲北部。也就是从这个区域我们找到了强有力的证据支撑单一起源假说，即祖先不在非洲生活的人群也来自非洲。所有非洲外的线粒体单倍群，也就是来自除非洲以外的世界的人群的线粒体单倍群都可以追溯到L3单倍群。因为这一发现表明所有非洲以外的线粒体单倍群都来自非洲的单一起源，所以多起源假说不攻自破。证据表明有一个人群或若干个人群带有 L3 单倍群，他们大约在 6 万到 7 万年以前从非洲北部迁徙进入西亚和中亚地区，成为远古世界其他地区人类的遗传学祖先。

生活在中东和走出非洲的人身上产生了以 L3 为背景的更新的变体，分化出两个主要的单倍群，我们称之为 M 单倍群和 N 单倍群。第三个主要的单倍群叫 R 单倍群，它是从 N 单倍群分化而出的。虽然它们都来源于非洲 L3 单倍群，但是我们还是叫它们 M、N 和 R 单倍群，表示它们是从 L3 分化而出的非洲以外的单倍群，它们的变体表明它们是在离开非洲后出现的。而且它们是所有非洲以外产生的单倍群的始祖单倍群。图 2.2 是一个简化版的人群迁徙和线粒体单倍群分化线路图。

让我们以母系祖先是美洲原住民（从阿拉斯加和加拿大北部到南美洲最南端）的人群为例。如图 2.2 所示，他们带着五个线粒体单倍群，分别称作 A、B、C、D 和 X。前四个单倍群（A、B、C 和 D）广泛存在于美洲人中。数量相对较少的有着北美祖先谱系的一群人带有 X 单倍群，该单倍群在已发现的单倍群类型中实属罕见。这五个单倍群也同样在亚洲人中找到，美洲原住民带有的这五个单倍群变体模式清晰地表明，大约 1.5 万年以前一群带着这种遗传变体的人从亚洲迁徙至北美洲，迁徙的活动不止一次，穿过连接现今西伯利亚东北部和阿拉斯加的白令陆桥（Beringia）。[9] 在最近一次的冰河期结束时，也就是大约 1.1 万年以前，海平线升高淹没

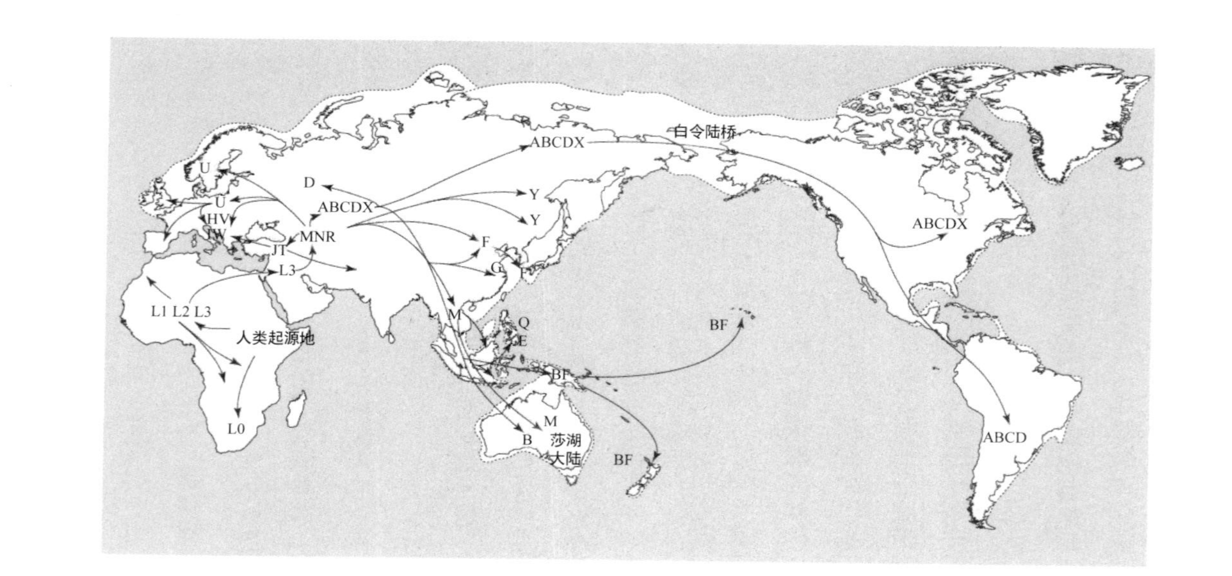

图2.2 通过线粒体DNA分析得出的早期人类分化的主要迁徙路线。白色区域代表当迁徙开始时最后一个大冰河期来临，海平面相对较低所显露出来的大致陆地和冰盖区域，现代大陆用黑色勾勒

了大陆桥，从亚洲到美洲的远古迁徙便停止了。[10] 所以毫无疑问，美洲原住民的原始祖先是亚洲人。有趣的是，这五种在亚洲人和美洲人都有携带的单倍群都是三种主要的非洲外单倍群即 M、N 和 R 单倍群分化而出：M 单倍群是 C 和 D 单倍群的来源、N 单倍群是 A 和 X 的来源、R 是 B 的来源。

全世界所有的线粒体单倍群——无论是非洲的还是非洲以外的——都逐渐积累起各异的、更为近期的变体，使得科学家可以清楚地从每个单倍群中分离出亚型。下面我用我携带的线粒体 DNA 变体作例说明。根据 DNA 的测试结果可知我带有 U5 单倍群，这是欧洲人和那些母系始祖可追溯到欧洲的人中最广为携带且最远古的线粒体单倍群之一。这一单倍群大概产生于 3.6 万年以前的变异，通过携带这种变体的人传到了欧洲的每个角落。我还带有一个斯堪的纳维亚半岛、不列颠群岛和欧洲次大陆北部地区特别普遍的亚型单倍群。这一亚型同样在大约 8700 年以前的石器时代生活在靠近德国乌尔姆（Ulm）的霍伦斯坦（Hohlenstein-Stadel）洞穴的人群残骸 DNA 中找到。[11] 我的线粒体 DNA 线性追踪回溯到非洲：U5（欧洲）← U（中东北部）← R（中东）← N（中东）← L3（非洲）。

这些存在于线粒体单倍群中的演进序列集群（clustering）证据使得科学家能够推导出人类线粒体家谱的主干。通过比对数千名现代人和远古人类及尼安德特人残骸的线粒体 DNA 序列，科学家已经重建了所有人类最原初始祖的线粒体 DNA 序列。这一最初的线粒体 DNA 变体在每个人的祖先身上累积已经无法在现今活着的人群中找到，但是现今存活的每个人的线粒体祖先都能够回溯到很久以前携带这一线粒体的一个女人身上。[12]

因为变体会在某一时刻在某个个体身上出现，所以现今所有人身上的任何变体（不会在与人类接近的物种诸如尼安德特人、黑猩猩和大猩猩身上出现）都能典型地追溯到某一个人身上。（极个别的例外也存在，比如当同样的变体在不同场合、不同个体身上产生时，这些相同的变体就能够在不同的遗传背景下被确定出来。）正是因为这样，所有人类线粒体的祖先谱系最终都能回溯到一个女人身上。最近的研究估计，这个女人生活在大约 20 万年以前的非洲，时间和解剖学上的现代人类第一次出现的时间接近。[13] 她因被称为**线粒体夏娃**（*mitochondrial Eve*）而闻名，而且毫无疑问她是非洲人。在线粒体 DNA 中，最古老的变体遗传至现今所有的人类身上，而不是其他物种身上，这一最古老的变体自她开始出现遗传到了她的至少一个女儿身上。她不是第一个女性人类。然而她的母亲、她母亲的母亲、她母亲的母亲的母亲，依次上推全都是线粒体夏娃——即所有人类的远古母亲。

存在于男性的 Y 染色体在遗传上和线粒体 DNA 十分不同，但其遗传模式和线粒体 DNA 的遗传模式刚好相反：它是完全通过父系遗传的，只能是父亲遗传给儿子。和线粒体 DNA 一样它也不会重组，所以类似线粒体变体的遗传谱系也能在 Y 染色体变体上展示出来。[14] 而且普遍多样性的相同模式也能够从 Y 染色体中呈现出来。不出所料，最大的多样性也是在非洲，而且普遍的非洲内迁徙和世界其他地区的相同迁徙模式也在 Y 染色体 DNA 中呈现出来。

同理，推导 Y 染色体家族谱系的主干也是可能的。所有人类男性的 Y 染色体都能够回溯到一个男人的身上。最近的推测是（虽然对 Y 染色体的推测不如线粒体 DNA 的可靠），他大概生活在数万年以前的非洲，晚于线粒体夏娃大约 14.2 万年。[15] 这个男人我们称之为 **Y 染色体亚当**（*Y Chromosome Adam*）。很明显，在他存活的年代他从没有见过线粒体夏娃。事实上，他很可能是她较远的一个后代，从她数百代的子孙上遗传了她的线粒体 DNA。

虽然目前人类最广泛的 DNA 研究始于线粒体和 Y 染色体 DNA，但是科学家近几年已经将人类遗传多样性的研究扩展到了我们所有的 DNA 上。我们绝大多数的 DNA 都是从父母双方遗传重组而来，所以近期变体的叠加都是以远古变体为背景，但是这种叠加不能像线粒体和 Y 染色体 DNA 那样无限地持续下去。而且每个 DNA 分子中彼此靠近的一些变体叠层（layering）不能持续很多代，所以每个新的变体无论它在哪里出现都会在某个遗传背景上叠加。这样一来，我们 DNA 上的变体在线粒体和 Y 染色体证据之外又提供了海量证据：我们的远古祖先就是非洲人。

最近，供科学家使用并从数千人中进行大范围 DNA 序列检测的工具唾手可得，这都要归功于最近在大规模 DNA 测序和电脑科技方面的进步。这些大规模的研究已经显示人类携带着一系列极端稀有的变体。其中很多变体都只能在每次有数千人参与的检测中的一人身上找到。这些稀有的变体有着近期起源，其原因简单且可预测：全世界人口爆炸是近期的事情，所以在近期新的变异出现并成为遗传变体的概率与人类历史上的其他时期相比要大得多。[16] 虽然它们表明的情况大部分与近期人类遗传有关，但这些极端稀少的变体对全人类多样性的贡献却乏善可陈。只有那些远古的变体才贡献了最广泛的人类多样性，并揭示出大洲级别范围的祖先谱系。

上一章我们讨论乔德（Jorde）和沃丁（Wooding）所做的研究。在检测 DNA 变体时他们做了很好的总结，他们说：

> 所有的发现都与其他基于人群不同样本测算后的不同类型的遗传变体研究相一致，这些发现都支持这样的演化证据，即解剖学上的现代人类最先在非洲演化，逐渐积累了遗传多样性。然后一组非洲人群的很小的亚组离开了非洲大陆，也许是因为人口增长瓶颈，接着成为世界上其他地区所有解剖学上的现代人类的祖先。我们这一物种有一个近期的共同的祖先这一点对有关人种的讨论特别重要。[17]

根据科学证据可知，《圣经·创世纪》中提到的人类祖先亚当和夏娃只是个神话。而且保留完好的远古人类 DNA 证据表明，在比亚当和夏娃生存的年代（大约 6000 年以前）更为久远的时期人类就已经广布全球了。线粒体夏娃和 Y 染色体亚当真实存在，他们都是非洲人。更进一步的是人类共同的祖先是无数个“夏娃”和“亚当”。DNA 呈现出来的当今所有人类的独特变体都可以追溯到难以计数的共同祖先身上，我们的共同祖先大约在 6 万年以前就生活在非洲。作为人类的一员，我们每一个人都因为共同祖先而关系密切，所以从根本上说我们都是非洲人。

Chapter 3 第3章

祖先与人种

Ancestry versus Race

美国的建国之父们因其智慧、勇气和远见广受尊崇，是他们奠定了现代民主的根基。他们生活在理性时代的启蒙时期，那时的理性、平等和人权理想鼓舞着他们，建立了民主政府的框架以及构成现代科学方法和推理的哲学基础。其中最具影响力的建国之父就是托马斯·杰斐逊（Thomas Jefferson）。作为《独立宣言》的起草者、国会议员、派驻法国的公使、州长、国务卿、副总统以及美国历史上两届任期的第三位总统，他的功绩在美国历史和现代政治思想史上彪炳千秋。杰斐逊是自由和平等的斗士，但同时又是奴隶主，这种反差成了他人生中最大的谜团之一。他

的妻子玛莎（Martha）死后，他接管了她的奴隶，其中有一名叫莎丽·海明斯（Sarah Hemings）的女奴，大家都叫她莎丽（Sally）。即使她的三位祖父母都是欧洲后裔，但根据当时的法律莎丽仍是一名奴隶；她的外祖母是非洲奴隶，而她的父亲和外祖父都是欧洲裔美国奴隶主。有意思的是莎丽的父亲也是玛莎的父亲，所以虽然玛莎是莎丽的主子，但她们是同父异母的姐妹。莎丽所生的儿子，其中有一个叫伊斯顿（Eston），也用了杰斐逊为姓，他的后代用杰斐逊为姓达数代之久。一个在莎丽·海明斯后代中流传的秘而不宣的说法就是玛莎·杰斐逊死后，托马斯·杰斐逊就和莎丽同居了，并成为她6个孩子的父亲。

这一说法在莎丽死后的200年后得到了强有力的证实。杰斐逊的Y染色体单倍群为稀有单倍群，称为T单倍群，只在大多数埃及男性和极少数欧洲男性中找得到。T单倍群的欧洲亚组在托马斯·杰斐逊父系祖先中找到，而在欧洲祖先的男性中不常见。伊斯顿·海明斯·杰斐逊是莎丽·海明斯最后一个孩子，也是唯一一个记录在案的父系谱系延续至今的孩子。他的一个父系后代也携带着和托马斯·杰斐逊同样的Y染色体。

有关托马斯·杰斐逊和莎丽·海明斯具有历史意义的信息，特别是托马斯和莎丽同居一处的时间和莎丽怀孕的时间重合，提供了具有历史意义的证据，即托马斯·杰斐逊是莎丽6个孩子的最有可能的父亲，而DNA证据也与此说法相符。[1]

莎丽·海明斯的后代在证明人种概念是如何的不靠谱上起了

作用。她的6个孩子都是实实在在的欧洲后裔，但是在当时的法律看来仍然是奴隶。6个孩子中有4个活到成年，其中有两个孩子在他们20岁时离开了杰斐逊在蒙迪赛罗(Monticello)的家而“亡命天涯”。“亡命天涯”一词加了引号是因为有证据证明他们不仅被允许，而且受到鼓动离开住地以自由人的身份生活，就像托马斯·杰斐逊本人一样。这两个孩子后来都改了名字作为白人社区的一员成功地生活了下去。伊斯顿最后搬到威斯康星州的麦迪逊（Madison，Wisconsin）继续使用杰斐逊这个姓，他的后代都被看成是白种人，这主要是因为他们所居住的地方、他们成长的方式和他们留给人们的印象。与此相对照的是伊斯顿的兄长，麦迪逊（Madison）的一些后代，有的被当成是有色人种，有的被当成是白人。例如，麦迪逊的两个儿子，托马斯（Thomas）和威廉（William）在美国内战时应召入伍，托马斯被当成是有色人种，而威廉被当成是白人。

将不同的人分类划入严格的人种类别由来已久，白人至上主义的风气尤甚，这主要是由于一个时期以来盛行的对圣经历史的解读。例如，基督教、犹太教和伊斯兰教在中世纪时期都认为非洲裔人是诺亚之子哈姆（Ham）的后裔，其深色的皮肤是“哈姆的诅咒”（curse of Ham 或 Hamitic curse）。[2] 此信念的追随者则将已知的世界分为三个区域——非洲、亚洲和欧洲——还设想出三个主要人种在这三个区域生活，他们分别是诺亚（Noah）三个儿子的后代：哈姆的非洲后代，雅弗（Japheth）的欧洲后代和闪

（Shem）的亚洲后代（见图 3.1）。深色皮肤被看作是上帝因着哈姆看到了父亲诺亚酒醉的裸体而对其所作的诅咒，《圣经·创世记》9:18-25 如是描述。这一准圣经三人种说（quasi-biblical scheme）经常被用作是把那些受诅咒的人变为奴隶做法的正当性辩解。

17 世纪到 21 世纪，欧洲、美洲也普遍存在的看法就是《圣经》

图 3.1　世界地图（*Mappa mundi*）录自 1472 年刊印的圣·依西多禄（St. Isidore）所著《词源》（*Etymologiae*）一书。当时已知的世界被看成被大洋围绕、分别为诺亚三个儿子的后代生活的三个大陆：闪的后代生活的亚洲；雅弗后代生活的欧洲和哈姆后代生活的非洲。非洲人的深色皮肤被认为是对哈姆后代的诅咒。图片来源：得克萨斯州立大学奥斯汀分校（University of Texas at Austin），哈里·蓝森中心（Harry Ransom Center）

中记载的该隐（Cain）就是深色皮肤，有着非洲祖先的人都是该隐的后代。把该隐的深色皮肤和哈姆的诅咒联系起来是因为哈姆和该隐的后代成婚，所以大洪水（great flood）后这一诅咒也在该隐后代的身上显现出来。[3] 这一看法的追随者支持奴隶制皆因上帝诅咒非洲后裔，因此他们都是低人一等之人。

18世纪科学家和学者企图通过纯粹的地理位置而不是《圣经》将人类划分为不同的人种。现代生物分类学奠基人卡尔·林奈（Carlvon Linné）[以他的拉丁文姓名卡罗卢斯·林奈乌斯（Carolus Linnaeus）闻名]，在其1758年的著作《自然系统》（*Systema Naturae*）中提出了一套拉丁文分类系统，将人类分为四大人种：美洲原住人种（*Americanus*）、欧罗巴人种（*Europeus*）、亚洲人种（*Asiaticus*）和非洲人种（*Afer*）——其实这和中世纪的三大人种分类无甚区别，只是加进去了美洲原住人种作为第四大人种（中世纪欧洲人还不知道有美洲存在）。他的追随者约翰·弗里德里希·布隆巴赫（Johann Friedrich Blumenbach）又将分类扩展为五种：高加索人种（Caucasian）、蒙古人种（Mongolian）、埃塞俄比亚人种（Ethiopian）、美洲人种和马来西亚人种（Malaysian）。[4]

人种、种族和文化的分类一直持续到现在。例如，2010年全美人口普查（2010 US Census）列出了五个“人种分类”，允许人们将自己划定在一种或一种以上的类别内：（1）白种人；（2）黑人或非洲裔美国人；（3）美洲印第安人或阿拉斯加原住民（American Indian or Alaska Native）；（4）亚洲人和（5）夏威夷原住民或其他太平洋岛国人（Native Hawaiian or Other Pacific Islander）。无论属于哪一个类别，人口普查还允许个人将其划分为西班牙裔或非西班牙裔人（Hispanic or non-Hispanic）。普查还包括一个通告："本人口普查所列之人种分类大致反映本国承认的人种之社会属性定义，而非生物学、人类学或遗传学之人种定义。"[5]通告与现今科学证明的结论保持了一致，即所谓严格的人种分类主要是社会性架构，不能准确地反映生物学分类。

复杂的祖先谱系常常使生物学上的人种分类难上加难。非洲北部、中亚和中南亚自古就是文明的交汇地，来自世界各地的商人和侵略的铁骑数千年来游经、迁徙或进入此地。其结果就是这一广袤之地的遗传多样性是仅次于撒哈拉以南非洲。而且此处居民的遗传变体与世界其他地区多有重合，使得遗传分类很难将该地的人群划入严格的人种分类。

在后殖民时代的美洲大多数人群的祖先至少都能追溯到最早迁入该地的人群，而迁入该地的人群通常有着多样性的祖先谱系。在巴西移民来自世界各地且彼此交融，文化上对所谓跨种族婚姻的禁忌不如其他文化中那样强大，所以其祖先是高度多样性的。如今生活在美国自视为非洲裔的美国人常常具有欧洲裔的祖先——大多数还是显赫的欧洲祖先。例如大约有 26% 的非洲裔美国人都携带有欧洲祖先的 Y 染色体。[6]多数将自己划定为西班牙裔的人也有欧洲和美洲原住民的祖先，而且很多还具有非洲祖先。同样的情况也出现在很多自视为美洲原住民的人的身上。事实上在美国，美洲原住部落成员这一说法常常引起争议，盖因祖先谱系的复杂性。同样，一些将自己划定为白种人或高加索人（高加索人是一个包罗万象的概念，通常包含欧洲、中东和北非祖先谱系）的人具有非洲、美洲原住民或亚洲祖先的谱系。对于一些自称为“白种人”“欧洲裔美国人”或“高加索人”的人，经过DNA测定发现其祖先谱系颇为复杂的情况也不少见。如果DNA测试唾手可得并在《反混种生育法》和“一滴血原则”肆虐的年代能够广为应用，那么当时大量被认为适宜的婚姻在技术上都是违法的。

根据目前科学证据可知，每个人的祖先都来源于非洲，而且现代人DNA的大部分变体都来源于散播到全人类，而非限定在具体地理区域的人群中的非洲变体。最近由我和同事完成的一个人类基因（称为*NANOG*基因）演化的研究可以作为说明的例证。[7]

苏格兰爱丁堡大学生物学家伊安·钱伯斯博士（Dr. Ian Chambers）于2003年在老鼠的身上发现了一个新基因。按照惯例谁首先发现谁拥有命名权。[8]他选用了基因命名史上最棒的名字，这个名字不仅恰如其分而且颇有魅力，即NANOG基因。它来自凯尔特（Celtic）传奇中爱尔兰西部海域的神秘岛屿提尔纳诺岛（Tir na nÓg），象征着永葆青春（该名称在爱尔兰的酒吧中也是人气爆棚）。一旦精卵结合细胞分化开始，*NANOG*基因便在胚胎干细胞中发挥作用。当 *NANOG* 基因被唤醒，胚胎干细胞便继续生长并分化出更多的胚胎干细胞，而不是分化出其他的细胞类型。换句话说它们一直保持着无尽的年轻状态，这也是为什么钱伯斯博士用神秘岛屿来命名它的原因。

当然，我们对 *NANOG* 基因的研究不是集中在其永葆青春的功能上，而是在其人类基因演化的历史上。我们在 *NANOG* 基因中发现了若干远古变体，这些证据告诉我们这些变体的分化至少在 200 万年以前就出现了，远远早于解剖学上的现代人出现的时间，也就是所有的现代人类的始祖都无一例外地生活在非洲的时间。这些变体现今散播到了世界各地的人群中：非洲人、亚洲人、中东人、太平洋诸岛人、欧洲人以及美洲人。这一散播全球的多样性还在持续，其最初都源自非洲。

也许有关远古非洲变体散播到全世界有证可循的最佳例子就是产生 ABO 血型的变体：即产生 A 型血、B 型血、AB 型血和 O 型血的变体。为了便于我们讨论，我将忽略不同基因中不同变体的显性和隐性类别。A、B、O 血型来自一个基因的三个主要变体：这三个主要变体被命名为 A、B 和 O。A、B 变体的分化很古老，至少在 2000 万年以前，在人类的共同祖先、大猩猩和旧世界（Old World）时期的猴子中就出现了。[9] 这一变体一直延续到现在，不仅见于人类，而且也见于其他灵长类动物中。所以 A 和 B 变体是人类的远古变体。产生 O 型血的 O 变体则是人类特有的。它是一个后起变体，产生于走出非洲人群出现之前的远古非洲，当时A变体变异为O变体。这一变异擦除了A变体上的一对碱基对（如下图方框所示），于是A变体成了O变体：

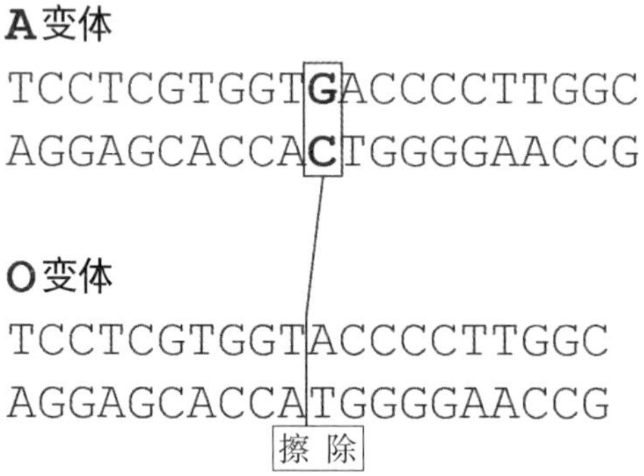

A变体
TCCTCGTGGTGACCCCTTGGC
AGGAGCACCACTGGGGAACCG

O变体
TCCTCGTGGTACCCCTTGGC
AGGAGCACCATGGGGAACCG
擦 除

这一擦除完全抹掉了A变体的性状；使A型血得以被称为A型血的物质不再出现。O型血的字母O来源于德语Ohne，意思是“没有”。如今全世界有超过40亿人口拥有O型血，所以很明显，由于O变体导致的A变体功能丧失对生存并非有害。事实上就我们目前所得，有证据表明远古的O变体出现在世界某一些区域却是一个生存优势。

虽然全部四种血型——A型、B型、AB型和O型——遍布世界各地，但是这些血型分布的相对比例还是有地理差异的。即使O变体是来自远古非洲的变异，但O型血在全世界分布仍是最广的，大概占到世界人口的63%。O型血在祖先为非洲人、东北亚人或美洲原住人，特别是中南美洲的人群中分布最广。在这些原住人身上比例几乎接近百分之百。A型血在先祖为澳大利亚原住民、北欧人或北美北部人的身上较为常见。B 型血在先祖为中亚人（范围从俄罗斯北部到印度南端）的人身上常见。AB 型血则在任何地方都较为少见，AB 型血只出现在父母一方为 A 型血，另一方为 B 型血的情况下。

远古人类迁徙、自然选择和不同变体的随机变化，凡此种种的复杂模式导致了 A、B、O 血型的不均衡分布。自然选择很明显在整个人类历史中发挥着作用，伴随着不同的 A、B、O 血型变体产生出对一些疾病的抵抗性或者易感染性；在大多数情况下自然选择都青睐 O 型血，这就解释了 O 型血在全世界范围内的广泛分布。其最重要的一点就是 O 型血能够对抗严重疟疾（malaria）。O 型血的人也许会感染疟疾，但是一旦感染他们几乎不会有任何症状，而其他血型的人则表现出很严重的症状。这样的情况也许能够解释为什么 O 型血在疟疾泛滥的非洲和其他热带地区的人口中最为常见。在走出非洲前后疟原虫是具有选择性的病原体，能够让 O 型血的人群带病存活。[10] 与此相对照的是 O 型血的人较之 A 型血、B 型血或 AB 型血的人，更易感霍乱，这也就解释了在霍乱高发而不是疟疾高发地区 A 变体和 B 变体更为常见。[11]

A 型变体、B 型变体和 O 型变体的全球不均衡分布性是很典型的人类远古非洲变体不均衡分布的表现。来自非洲的远古变体通过复杂的人类迁徙扩展至全球。各种因素组合在一起包括迁徙、自然选择和随机变化，共同导致了不同地理区域变体分布的比例不同。

一般而言，DNA 变体作为远古人类迁徙的结果在遗传层面可分为三个不同的类型：（1）全世界人口都携带的远古非洲变体，如刚刚讨论的 A、B、O 血型变体和 *NANOG* 基因变体；（2）至今仍然占主导，并且仅来自非洲原住民的远古非洲变体；（3）能够追溯到特定地区、其祖先就来自该特定地区的人身上带有的更为近期的变体。这三种类型的亚型是一组近期变体，极端少见且高度本地化，因为世界人口的极速膨胀，它们目前的数量特别巨大。[12]

虽然世界范围内数量最多的变体是远古非洲多样性的产物，但是近期本地化的变体却向我们展示了近期的多样性是如何发生及其发生的意义。科学文献中例子很多，我和同事已经在最近的有关不同地区人口 DNA 的研究中发现了若干一手案例。[13]

另一个要点就是大多数的近期变体都不是完全限定于某个特定地理范围之内的。相反，科学家通常关注其广泛性：在特定区域内携带有特定变体的人口占有多少比例。研究所得的典型比例模式被称为渐变模式（*clinal pattern*），其中某个变体分布在某个区域内最广，然后随着距离该区域越远，其广泛性越低，如图 3.2 所示。

出现该渐变模式的主要原因是变异和迁徙共同作用的结果，有时还会加上自然选择的作用。一个变体，最初在某人身上经由变异而产生并遗传到他 / 她的至少若干个子代身上。经过数代，

图 3.2 该渐变模式用于研究 *SLC45A2* 基因中某个变体的广泛性。这一变体在欧洲分布最广，向东和向南逐步递减

生活在不同地区的此人的大量后代也会遗传该变体。如果该变体受到自然选择的青睐，其分布广泛性就会在后面的数代中逐渐增加。然而这个过程中自然选择不是必要的。一个变体的分布广泛性也许是从某一代开始突增的，这可能纯粹是随机变化。如果遗传了这个变体的人从原居住地迁徙到某地，那么这个变体也会跟着他们停驻到某地。然而在或然性上很多变体（不是全部）在原居住地仍然是分布最广泛的。

近期出现在人类历史上的变体往往都是地理上本地化的，而且常常表现出渐变模式。虽然它们发现于相对少量的人群中，但是这样类型的变体有上百万个，所以它们为 DNA 分析提供了大量的机会。当开始数据整体分析时，通过它们可以高精度地确定地理祖先谱系，解释一些有关我们遗传历史的令人着迷的信息。这样的变体与祖先的地理信息有着紧密联系，以至于它们被称为祖先信息标记物（*ancestry informative markers*）变体。每个人的祖先信息标记物变体能够提供极少量典型的有关个体祖先谱系的信息。一个科研小组检测了来自世界不同地区原住民的383个变体样本后这样说道：“从将近2.5万个变体中我们找不到一个能够确定区分各大洲人群的变体差异。”[14]但是数千个变体的积累信息，却能提供可靠的数据概率，用以明确变体是来自一个单一地区，还是来自世界不同地区的不同祖先谱系。

例如，用我的DNA与数千个祖先信息标记物变体做比对发现，我的近期祖先（也就是过去1万年或1万年以前）几乎完全是欧洲人。这一纯粹建立在DNA分析上的结论却完全符合我的祖先谱系记录，从我的英国和荷兰姓氏就能看出来。这还能帮助我解决有关我的祖先谱系的其他问题。例如我的父系家族长久以来坚信我的姓费尔班克（Fairbanks）是于15世纪在英格兰约克（York）这个地方由法语姓Beaumont（其中*Beau*是美丽或有魅力的意思，*mont*意思是小山坡或堤岸）盎格鲁化（anglicized）而来的。随着11世纪诺曼人征服（Norman Conquest）英国而可能将Beaumont带到了英格兰，随后其子孙将其盎格鲁化成费尔班克（当时拼写为Fayerbanke）。

潜在而言，我可以通过Y染色体DNA分析，肯定或驳斥上述假设的历史。我的Y染色体单倍群是欧洲最常见、分布最广泛的Y染色体单倍群。我拥有的这一亚型在法国北部和德国、荷兰、比利时、丹麦以及英格兰南部（集中于北海沿岸）最为广泛。所以诺曼人征服英国时带着这个 Y 染色体进入英国，这种说法颇为可疑。因为该 Y 染色体早在诺曼人征服之前就已经存在于英国了。所以虽然证据的结论与家族信念相一致，但无法证明它。

虽然这些祖先信息标记物变体只是数百万定义人类整体遗传多样性的变体中的一小部分，但是在揭示一个人的祖先谱系方面它们特别有用；它们不仅能用于法医目的，还能确定与人类健康相关的变体。[15] 与地理位置相关的变体如同那些与皮肤、毛发和眼睛颜色的变体一样，在科学、社会意义和政治意义上都很重要，一部分是因为它们驳斥了人种优越论的历史偏见，而且还能帮助我们更好地理解我们的起源和多样性。更重要的是，在地理和人类遗传多样性的背景下理解变体是如何影响遗传性状和疾病，对于通过现代医学预防和治疗疾病正在起着越来越大的作用。

遗传多样性在全球范围内的不均衡分布对所谓的“人种”概念有着重要影响。三大主要人种——非洲人种、欧洲人种和亚洲人种——的概念不具有生物学意义，因为在多样性上三类人种完全不均等，而且也没有明确的遗传分野将三类人种区别开来。如果遗传多样性是人种分类的唯一基础，那么在撒哈拉以南非洲的不同地理的和种族的人群应该被划入更细分的人种类别之中，而不是将世界其他地区地理的和种族的人群划入不同的类别，因为撒哈拉以南非洲具有更大程度的远古基因多样性。

即使真是如此，这样做在生物学上也毫无意义，因为所谓的种群代表着实际上达数百万之多变体的遗传重叠（overlap）的复杂二维统一体（continua）。当遗传学家从生活在不连续的极端地理位置（如北欧、中亚和东亚）的原住民DNA中采样时，他们可以使用祖先信息标记物变体立刻定义这些族群。然而这一简单化的定义只是对不连续地理位置人群采样结果的反映，而不能真实地代表全世界的遗传多样性。当采样的地理范围更广，某一区域人群中共有的DNA变体在其他地区的分布比例下降，但是不同变体的重叠也越多。人类迁徙已经散播并混合了世界上的遗传变体，而且在整个人类历史中变异也不断地让新的变体出现。每个人的地理祖先谱系是由其携带的海量祖先信息标记物变体组合以后根据统计数据最终确定的。

在科学上，这就意味着所谓人种分类是一种在生物学上过于简单和不准确的定义人群的方法。相反，有些人的祖先谱系多样性极高，会追溯到世界的不同地区，而另一些人的祖先谱系相对狭窄，限定在若干临近的区域甚或是在一个区域内。例如，我的DNA祖先谱系就限定在欧洲，而我的一位朋友的DNA分析则表明，其祖先谱系是欧洲人、美洲原住民、北非人和西亚人占显著比例的综合。我们两人如果按照美国人口普查分类系统划分，应该是“白种人”和“非西班牙裔”。而且因为目前的分类系统完全依照自我申报，所以每个人的人种分类是由申报人自行决定的，而不是依据科学分析所得。

因此，祖先而不是人种应该成为生物学上定义我们每一个人的参照。而且，每个人携带的 DNA 变体组合的数据分析使得高精度地定义每个人祖先谱系的生物地理起源成为可能。即使如此，一个人的社会或文化祖先谱系比一个人的生物地理起源更重要。正如美国国立人类基因组研究所（National Human Genome Institute）人种、种族与遗传工作组（Race, Ethnicity and Genetics Working Group）所说：

> 至少在参与生物医学研究的人中，生物地理祖先谱系的遗传估算一般来说与自估的祖先谱系一致，但还有很多人是不一致的。
>
> 尽管祖先谱系看起来中立客观，但是把它当作人群分类的方法仍有其局限性。当被问及参与者的父母及其祖父母的祖先谱系时，很多参与者无法提供准确的答案……错误的父子关系或领养关系都可能使社会上定义的祖先谱系和生物地理祖先谱系大相径庭。而且我们祖先的指数级增加也使得祖先谱系成为量化概念而不是定性概念。比如，仅仅 5 个世纪（或者 20 代）以前，每个人最多可能就有 100 万个祖先。让情况更为复杂的是最近的分析显示，虽然我们从祖先身上获得了不同比例的遗传特性，但是现今生活着的每个人拥有着完全相同的一套祖先谱系，谱系上的祖先绵延距今数千年，而他们则来自 20 万年以前的非洲。

我们都是非洲人

最后，所谓“人种”“种族”和“祖先”这些概念都仅仅描绘了连接个体和群团的复杂的生物和社会关系之网的一小部分。

是摒弃生物学构成上的所谓人种概念的时候了。也许从社会构成上讨论人种和种族还有其合理性。但是当谈到一个人的遗传构成时，我们应该关注的是祖先谱系这一在科学上更有助益、更少政治和历史牵绊、在数量上更复杂、更引人入胜的概念。

Chapter 4 第4章

“他们的肤色”

“The Color of Their Skin”

几年以前，在寒冷1月的早晨我参观了华盛顿特区的林肯纪念堂。除了坐在阴暗角落保安室里的警卫外，纪念堂空无一人。我注目着雕塑家丹尼尔·切斯特·弗伦奇（Daniel Chester French）用佐治亚大理石雕刻的亚伯拉罕·林肯（Abraham Lincoln）的雕像良久，对弗伦奇粗犷的刻风所展现的林肯脸部钦佩不已。然后我转身，向东边的华盛顿纪念碑（Washington Monument）远眺。我注意到在我脚下有一块嵌入大理石台阶的黄铜牌匾标示出马丁·路德·金发表他最振奋人心的演说“我有一个梦想”的地点。他的演说让我想起了童年时光，那些熟悉的

词句音犹在耳:

> 现在是从种族隔离的荒凉阴暗的深谷攀登种族平等的光明大道的时候……我梦想有一天，我的 4 个孩子将在一个不是以他们的肤色，而是以他们的品格优劣来评价他们的国度里生活。[1]

我选取了他演讲中所说的“他们的肤色”作为本章的题目，因为没有什么人类特征能够像肤色这样与人种观念强有力地结合在一起了。肤色之名——黑色、白色、红色和黄色，以及其他肤色——被用作人种的法律定义之要素堂而皇之地成为优越论和下等论的标签，成了祖先来自世界不同区域的人群的统一描述。当我还是个孩子的时候我总是对肤色困惑不已，因为我觉得肤色的实际变化是不能够严格分类的，而且也没有绝对的白色、红色、黄色或者黑色皮肤。相反，颜色总是在逐渐过渡的。

人类的肤色、眼睛的颜色变化的遗传基础现在已经很明了了。目前的科学证据已经描绘了清晰的途径告诉我们 DNA 变体是何时、何地又如何产生，以及为什么与色素有关的遗传变体模式在世界范围内是如此分布的。色素变化大部分是遗传的，这一点毋庸置疑，数世纪以来人所共知，在遗传科学研究之前就为人所理解。当然除了遗传因素外，还有一些环境的影响因素，例如，当某些人频繁暴露在阳光直射的环境下皮肤通过增加色素沉着提高防护的反应，时髦的说法是美黑（tanning）。然而皮肤变为深色的能力本身却是一种遗传的特征。总体而言，肤色、眼睛颜色和毛发颜色的变化都是遗传自祖先的结果。

肤色的遗传颇为复杂，受制于很多遗传变体，科学家称之为多基因遗传（*polygenic inheritance*）。人类皮肤变化的多基因特性一直以来为人所知；我 1978 年上的第一节大学生物课就学习了有关多基因特性的证据。然而，直到最近大多数的遗传基因以及影响肤色的具体基因变体还是处在未知的状态。如今，很多类似的基因及其变体已经被确定下来，而且科学家已经对它们做了仔细的检测，发现了它们是如何调节色素以及它们是如何在地理上分布的。在分别检视这些变体之前，让我们先看一看对此研究得出的若干主要结论。

第一，皮肤、毛发和眼睛的颜色深是所有人类祖先的状态。目前 DNA 证据压倒性地确认了这一结论，而且该结论也适合遗传的普遍形态。DNA 的大多数有效变异都会降低或者去除该基因的功能。减少走出非洲的人类祖先的色素沉着归因于基因的这些远古变异。因变异而起的变体导致了基因功能的降低，例如减少了色素沉着，其结果就是现代人类所呈现出来的肤色变化。

第二，大多数变异产生的影响肤色、眼睛颜色和毛发颜色的变体都出现在非洲以外的人身上，他们的祖先在很早以前就已经离开非洲了。不像血型的变化（例如，A 型血、B 型血、AB 型血和 O 型血）是在全世界范围内发生的，大多数影响色素沉着的遗传变体都不是原始的非洲变体。相反，这些减少色素沉着的特定变体产生于个体的变异，然后通过其子代散播到更广阔的地理区域中去。这些变体构成了某些最可靠的祖先遗传信息标记物变体。

第三，通过检测任何特定变体的遗传背景，科学家可以侦测到 DNA 中的模式，这些模式表明达尔文的自然选择已经影响了每个变体的广泛性和地理分布。在达尔文的科学贡献之中，对人类思想影响最为深远的就是**自然选择**（*natural selection*）原则。在其著作《物种起源》中，他是这样定义自然选择的：

> 任何变异，无论多么轻微，也无论因何而起，如果这一变异对任何物种的个体存活是有助益的……那么这一变化将有保留在该个体中的趋势，并在总体上由其后代所遗传。因此，其后代个体也将会有相较其他任何物种个体更大的存活概率，毕竟任何物种总是周期性繁育，但总是少数存活。我将这一原则称为自然选择，经由自然选择，每一个有益的轻微变化都被保留了下来。[2]

明确的证据证明 DNA 中的变体导致了肤色的变化，颜色由深变浅受制于强烈的自然选择。在一些情况下选择的效果是相对快速的，在几百代内就发生了，而不是数千代。如此迅速的效果被称为**选择性清除**（*selective sweeps*）。举个例子，人体中能够对抗疾病的若干变体受制于迅速地选择性清除。携带这些变体的人群能够对抗疾病并存活下来，繁衍出后代，而那些易感人群则倾向于发病，并在生育前死去。任何对抗疾病变体的广泛性会迅速通过自然选择向下一代传递。人类 DNA 中可识别模式提供了证据，证明已知的能够减少皮肤色素沉着的变体也受制于快速选择性清除，结果导致了这些变体的广泛增加。事实上在人类的远古历史中一些最强有力的选择性清除都出现在和皮肤色素沉着有关的变体上。

第四，人类肤色变化的地理分布，通过自然选择加于远古人类迁徙之上的一个模式可以得到最好的解释，这个模式被称为维生素 D 假说（*Vitamin D hypothesis*）。检测远古人类基因的时候，色素沉着最显著的地方是赤道非洲，然后随着与赤道的距离增加色素逐渐减少。对此模式出现负责的最可能的环境因素就是远古人类的冬天日照量。日照强烈时色素沉着能够保护皮肤免受紫外线辐射；这是皮肤色素细胞根本的生物功能。在常年日照强烈的地区，大量的色素沉着使得这样的人群具有选择性优势，因为它防止了紫外线导致的叶酸降解，而叶酸是胚胎发育过程中最核心的物质。这对怀孕妇女尤为重要，因为叶酸保护胚胎免受出生缺陷的困扰。[3]

维生素 D 假说告诉我们，为了应对叶酸降解，自然有应对的办法。维生素 D 是在我们皮肤上合成的，暴露在阳光下就能够刺激产生维生素 D。大量的色素沉着导致日晒强度降低就阻碍了维生素 D 的产生。在常年日照强烈的地区，如靠近赤道的地区，日晒足以产生维持远古人类生命的维生素 D，但另一方面色素沉着阻碍了维生素 D 产生的效果同样防止了胚胎发育畸形。然而，当走出非洲的人群的后代迁徙到北部纬度更高的地区如欧洲和东亚之时，世界正在经历最冷的冰河时期，大约是在 2.4 万到 2.2 万年以前。当时的冬天比现在的冬天更冷，所以在上述地区生活的人群寻找物品遮体、寻求遮蔽物躲避严寒，这就导致他们无法晒到本就稀少的阳光。而且更严酷的是北半球数月的冬天白天短，积云遮盖了天空，阳光无法照射到地面上来。日晒时间匮乏导致了维生素 D 的缺乏，那些深色皮肤的人在整个冬天都无法产生足量的维生素 D，佝偻病便在这些人群中出现。佝偻病最严重的症状就是身体虚弱、极易骨折。特别容易发生在孕妇身上，导致孕妇及胎儿的死亡率很高。相比之下色素沉着较少的人群却具有强烈的选择性优势，因为他们的身体能够在日照不足的情况下更好地产生维生素 D。同时紫外线照射的减少进一步防止了叶酸降解。快速的选择性清除导致了那些减少色素沉着的变体在地球北部区域的数代人中扩散，有时该变体甚至完全取代了生活在欧洲最北端的人群中最早的原初变体。而且人群迁徙得越是向北，能够减少色素沉着的变体通过变异和自然选择的重组在后代中积累的就越多。

当然，这一普遍法则也有例外。例如统称为因纽特人的生活在阿拉斯加海岸、加拿大北部、格陵兰和西伯利亚东北部的美洲原住民已经在高纬度、低日照的环境下生活了数千年。但是他们的浅色皮肤并不是在当地演化完成的。对于因纽特人来说，最可能的原因也是和维生素 D 有关。因纽特人的饮食从远古以来就含有大量的海豹肝脏和鱼类，这些都是天然富含维生素 D 的食材，这样就抵消了皮肤产生维生素 D 的不足。既然有了足量维生素 D，降低色素沉着也就没有产生强烈的选择性优势。[4]

虽不常见但饮食缺乏维生素 D 和日照时间不足导致的维生素 D 缺乏的情况还是时有报道。特别是对婴幼儿、儿童和青春期的孩子尤其如此，因为他们身体还在发育，比成年人需要更多的维生素 D。美国儿科学会（The American Academy of Pediatrics）推荐在膳食中增加维生素 D 补剂预防佝偻病。[5]

然而，过度日晒导致的皮肤损伤仍然是一个严重的健康隐患。因日晒导致的皮肤癌无法解释为什么自然选择倾向在地球北部生活的人群中减少色素沉着（此种类型的皮肤癌总是在生育后的人群中出现），但反复暴露在日光下对个体仍是一个严重的危险。反复暴露在日光下，时间一长，就会增加皮肤癌以及其他慢性皮肤疾病的患病风险，这对那些肤色浅的人群尤其如此。即使皮肤的色素沉着能够防止日晒伤害，但大量的色素沉着也并不总是一个绝对的保护。所有人都应该防止过度日晒。尽管如此，恶性黑色素瘤这一最严重且会致命的皮肤疾患的最高致病风险仍然存在于肤色浅的人群中。

在回顾了有关人类色素变体是如何以及为什么产生的研究的主要结论后，让我们进一步深入探讨人类历史上相关变体是如何演化及其遗传分布的一些直接证据。为了理解这些变化，我们首先需要理解何谓皮肤色素沉着。

人类的皮肤、毛发和眼睛包含了一组相关的色素称为黑色素（*melanins*），这个词的前缀 *melan-* 意思是“暗的”（dark）或“黑的”（black）。*Melancholy* 一词意思就是晦暗的（dark）或阴沉的（somber）心情，它和 melanins 同源。Melanins 最初是从我们吃的食物中，特别是从食物蛋白质中发现的。每个蛋白质分子都是由链式结构形成，当展开后就变成了线性结构。这种链式结构就是氨基酸。当你吃下含有蛋白质的食物（几乎所有食物中都含有蛋白质），你的消化系统将每一个蛋白质氨基酸链打破，然后吸收进入血液。你的细胞从血液中获得氨基酸，再将它们连成新的氨基酸链组成你自己的蛋白质。

举个例子，假设你吃了一碗米饭。大米中大部分是淀粉，但也有蛋白质、少量的脂肪和纤维，还有微量的维生素和矿物质。米蛋白质的自然功能就是为稻类作物生长发育提供氨基酸来源，由此生长中的幼苗就可以利用氨基酸产生早期发育所需的蛋白质。但是通过吃米饭，也就是吃稻类作物的种子，你吸收了这些蛋白质并为你所用。你的消化系统将大米中的蛋白质分解为单个的氨基酸，其中大多数都进入了你的血液，由你的细胞所利用并制造蛋白质，如制造毛发、指甲、肌肉和血液所需的蛋白质。

谚语“吃啥变啥”（You are what you eat）说得没错，但更准确的说法应该是“吃进去，重组成啥，你就变成啥”（You are a recombination of what you eat）。

尽管你的细胞利用这些氨基酸制造蛋白质，但是蛋白质也可有不同的用途，其中之一就是制造皮肤、毛发和眼睛中的黑色素。两个氨基酸分子——苯丙氨酸（phenylalanine）和酪氨酸（tyrosine）——是制造的起点，然后通过一系列我们称之为途径（*pathway*）的步骤被转变成黑色素。途径的每一步中一个物质通过化学反应转变成另一物质。图 4.1 是一个简化的黑色素合成途径中的若干主要步骤。

DNA 的基因控制着途径中的每一个步骤，而且这些步骤必须在这些基因活跃和工作的情况下才能进行。任何导致这些基因产生变体的变异都可能降低基因的活动度，于是便降低了黑色素的产生。DNA 中的这些变体具有遗传性，这就解释了为什么肤色、头发和眼睛的颜色都是遗传的。

当特定的变体遗传发生在途径的第二步和第三步时会发生什么样的情况，让我们先看一些明显的例子：酪氨酸转变为 L- 多巴（DOPA），然后 L- 多巴转变为 L- 多巴醌（DOPA-quinone）。能够影响以上两步的变体也许对色素沉着具有最强烈的遗传效果。控制这些步骤的基因被称为 *TYR* 基因，而使这些控制基因失效的变体导致了白化病（albinism）——更准确的名称应该是眼皮肤白化症（oculocutaneous albinism）——也就是说，那些患病

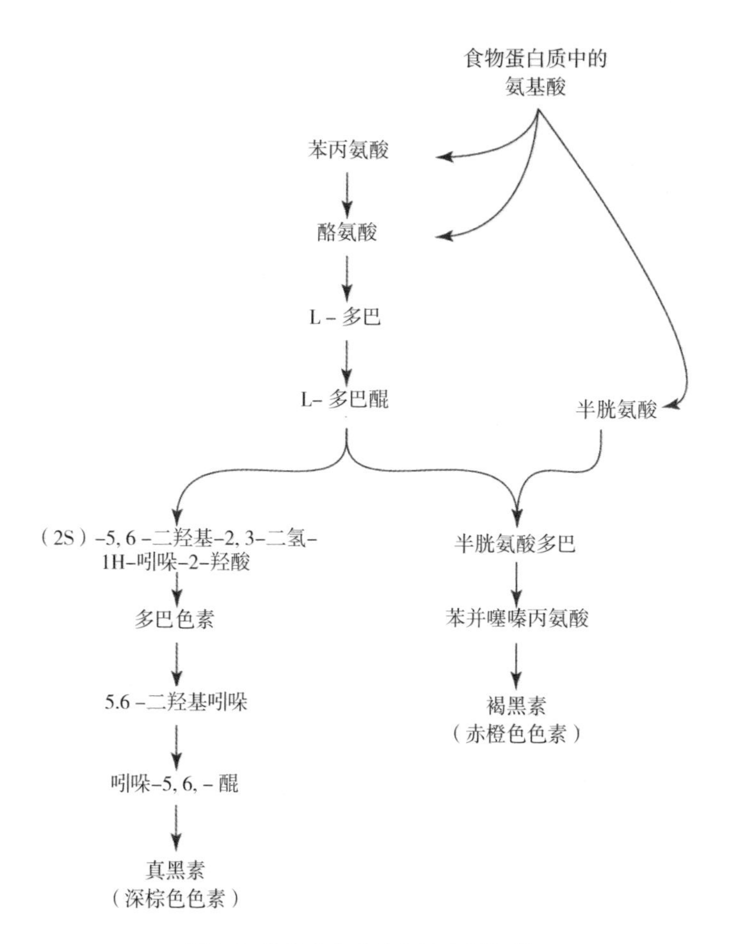

图 4.1 黑色素合成途径的主要步骤

者的皮肤、毛发和眼睛中没有色素。白化病患者的毛发是白色的，肤色极浅，而且眼中的虹膜呈红色或粉色，这是因为缺乏黑色素，血管中的红细胞在虹膜中可见。

白化病在人类遗传中并不常见，因皮肤中缺乏保护性的黑色素极易导致皮肤癌变和其他与日晒有关的皮肤异常。导致白化病的变异在人类历史上的不同时间、不同文化族群的个体中孤立地出现。上网搜索关键词“白化病”和“人类”，你可以找到不同地域不同白化病人的照片。

白化病在其他物种中也会发生，例如患有白化症的兔子、家鼠以及作为宠物或实验室用的小老鼠。它们都有着白毛、红色或粉色的眼睛。白化症两栖动物、鸟类和鱼类也有记载。正是人类和其他动物体内被精准测量到的 *TYR* 基因变体导致了白化症，这也就不足为奇了。

第三步，L- 多巴醌产生后，途径分化成两种主要的黑色素：一种称为真黑素（eumelanins），其构成了一组深蓝棕色色素；另一种称为褐黑素（pheomelanins），其构成了赤橙色色素。蓝色眼睛就是减少了虹膜中蓝棕色真黑素，所以呈现蓝色或蓝绿色。我们所谓的“红头发”（red hair）指的是在 DNA 中携带一个或更多变体，实质上减少了蓝棕色真黑素，所以赤橙色褐黑素在头发中占主导地位。（同样的情况也适用于赤橙色皮毛的猩猩，尽管遗传过程和人类不同。）[6] 值得注意的是大多数导致红头发的变体不仅减少了在毛发上的真黑素，而且还减少了在皮肤和眼睛中的真黑素。所以，有红头发的人，肤色常常也很浅，眼睛要么是蓝色的，要么是绿色的，尽管不是绝对的。[7]

人类色素的丰富多彩是很多调控色素产物途径的基因变体导致的结果。每个人携带有特定的上述基因的数种变体组合，包括产生大量色素沉着的原初变体，也包括减少色素沉着的变体。而且一个人携带的特定变体组合决定了她或他的皮肤、毛发和眼睛的颜色。因为多种基因调控了色素合成中途径的不同步骤，而且这些基因的任何变体都能影响色素生成，所以肤色、毛发和眼睛颜色的遗传是高度变化和复杂的。

尽管高度复杂，但科学家在现有研究工具的情况下仍然能够破解色素遗传的难题。来自世界各地不同人群中的减少色素沉着的变体已经详细地记录在案，毫无疑问，其他的变体也在逐步地发现之中。正是这些变体讲述着有趣的故事，其中之一不仅解释了色素变体如何产生，而且解释了为何在世界各地如此分布。

让我们一起看一些例子吧。影响人类色素的变体功能并非完全相等，其中一些发挥主要作用，而另一些的作用则小一些。而且因为在祖先生活于北半球的人群中色素减少最显著，所以大多数色素减少的遗传基础研究都集中在来自欧洲和东亚人群中的变体。下面我们看看几种被广泛研究的主要变体以及这些变体产生的时间和地点。[8]

让我们先从赤道非洲开始，那里高度色素沉着的祖先状态极为常见。那么有没有 DNA 证据证明在非洲原住民身上，自然选择保留了高度的色素沉着呢？我们已经知道撒哈拉以南非洲地区具有世界上最丰富的遗传多样性。所以我们可以预期控制肤色的基因变体应该在非洲原住民身上呈现最多的形式。然而事实正好相反：控制肤色的基因的原初变体在非洲原住民身上倾向于高度的统一（uniform）。一个例子就是 *MC1R* 基因，它对色素沉着发挥主要作用，其变体广泛分布于非洲以外的世界导致了色素本质上的减少。例如这些变体的一种，来自冰河期的现在所称的苏格兰和爱尔兰北部地区，那时海平线较低，爱尔兰和苏格兰连成了一片。这一变体导致了祖先来自爱尔兰和苏格兰的人群最常见的浅色皮肤、雀斑和红头发。[9] 与此相对照的是，尽管基因的高度变化与色素无关，但是 *MC1R* 基因的原初变体在非洲原住民身上几乎一致地呈现出来。在赤道非洲地区降低色素沉着的变体经过自然选择被清除干净，而增加色素沉着的原初变体被保留了下来。[10] 这种自然选择——保留原初变体，清除后起变体——被称为**纯化选择**（*purifying selection*），这在许多基因中很常见。

常常有人说，因为存在皮肤癌疾患增加的风险，所以自然选择在赤道地区倾向于深色皮肤。然而，科学证据表明皮肤癌患病风险并不是自然选择倾向深色皮肤的原因。虽然浅色皮肤具有潜在的致命和严重风险，但皮肤癌还是会典型的出现在多年日光暴晒后的个体生命后期，通常是在生育后。所以如果自然选择真的发挥作用，它一定会保留能够使个体在生育前存活的优势变体。这样一来，自然选择保留生育后减少存活概率变体的效果实际上被最小化了。但是在赤道非洲的例子中，高强度日光紫外线辐射下选择因子却呈现叶酸受损的情况。叶酸受损的过程被称为**叶酸光解**（*folate photolysis*），当皮肤中的叶酸暴露在紫外线辐射下受损时叶酸光解就开始了。叶酸对胚胎发育至关重要，叶酸不足常常导致出生缺陷和高致死率，这都对生育造成严重影响。所以深色皮肤保护了人类历史上赤道地区的人们免于叶酸受损。[11]

现在让我们再看看减少走出非洲的人类祖先后代的色素沉着的那些变体。我们已经知道走出非洲的人群奠定了非洲以外的人口，其大约发生在 6 万到 7 万年以前。这些走出非洲人群的后代在数代以后人口激增，他们中的很多人又开始向距离非洲更远的地区迁徙。其中一支向北，最终定居在靠近黑海和里海的高加索地区，也就是现今阿塞拜疆、格鲁吉亚和俄罗斯的一部分。这个区域变成了后续迁入亚洲和欧洲人群的始发地，由此出发的这些人奠定了亚洲和欧洲地区的人口。

有趣的是，高加索人这个词就是来源于远古发源地中的这一区域。这个词本身不是一个科学词汇。史蒂芬·J. 古尔德（Stephen J. Gould）在他的著作《人类的误测》（*The Mis-measure of Man*）中引用约翰·弗里德里希·布隆巴赫（Johann Friedrich Blumenbach）在解释他自创的“高加索人”这一术语时说道：“我用高加索山来命名人类的这一支，不仅因为这一支以此山为邻，特别是其南脉创造出了这一最美的人类，而且还因为……在这一区域，如果在世界其他区域也能找得到的话，我们能够找寻到人类最原初的形式（autochthones，德语，意为本源）。”[12] 这一所谓高加索人是“最美人种”，以及人类始祖发祥于此的观点被 18 世纪前后几百年的欧洲人和欧洲裔美洲人（在布隆巴赫生活的 18 世纪晚期）通通接受了。

确定无疑，非洲是现代人类的发祥地，而高加索地区是首批欧洲人和东亚人的第二发祥地。正是在这一片地区，在大约 3 万年以前出现了最古老、传播最广泛，以及最重要的导致减少皮肤色素沉着的基因变体。基因中被称为 *KITLG* 的变异在一个人类个体中出现，并作为变体传给了其后代（此处无法得知该变异是发生在女性还是男性身上）。从这一变异中产生的这一变体淡化了肤色，并散播到了首次生活在此处的人类的后代个体中去。

这一后起变体与其原初变体仅有一个碱基对不同：原初变体的这一碱基对是 A-T，而后起变体的这一位置的碱基对是 G-C：

原初变体

CTCTTACAGC**A**TAGGATATCT
GAGAATGTCG**T**ATCCTATAGA

后起变体

CTCTTACAGC**G**TAGGATATCT
GAGAATGTCG**C**ATCCTATAGA

后起变体出现在 3 万年以前，比欧洲人和东亚人分野的时间还早，而且来自欧洲或者东亚的带有原初变体的很多人如今都带着后起变体。它同样早于最近一次的冰河期的高峰期（大约 2.4 万到 2.2 万年以前）。在这一冰河时期，当带有这一变体的人迁徙进入欧洲和东亚时已经具有了生存和繁衍的显著优势。因为这一变体在日照较少区域的自然选择中保留了下来，所以在祖先来自亚洲和欧洲的人群中最为普遍。在欧洲人中 84% 的 *KITLG* 基因变体就是这种后起变体，在东亚人中比例与欧洲人相似达到了 82%。而未变异的原初变体仍存在于上述区域的一些人中，但占比很低。与此相对照的原初变体是目前所知在非洲原住民中最普遍的变体。

另一个实质上减少色素沉着的后起变体是 *SLC24A5* 基因的变体。这一后起变体是从 G-C 碱基对突变为 A-T 碱基对时出现的:

原初变体

TGTTGCAGGC**G**CAACTTTCAT
ACAACGTCCG**C**GTTGAAAGTA

后起变体

TGTTGCAGGC**A**CAACTTTCAT
ACAACGTCCG**T**GTTGAAAGTA

产生这一变体的突变发生于 1.1 万年前到 9000 年前生活在高加索和欧洲之间地区的人身上，这些人的后代后来迁徙到了欧洲，所以这一变体在欧洲祖先谱系中最普遍。[13] 这一变体碱基对两侧的基因序列表明了传播到远古欧洲迁徙人群中的强有力的快速选择性清除。其结果就是将近百分之百的祖先完全来自欧洲的人都携带有这一变体。事实上，这一变体被看作是欧洲祖先谱系最可靠的祖先信息标记物变体之一。其在其他民族人口中出奇的少见。

因为后起变体几乎百分之百地呈现在其祖先谱系完全或几乎

完全来自欧洲的人身上，所以这一基因影响这些人群皮肤色素沉着的所占比例，是不可能通过直接测量来获得的；变化才是检测相关性的关键。然而，祖先谱系是非洲裔美洲人或加勒比海美洲人的大多数人都具有非洲和欧洲祖先谱系，所以某些人带有这一变体（遗传自双亲）的两个拷贝；有的人则只带有一个拷贝（从父母一方遗传得来）；还有另一些人一个拷贝都没有（父母双方没有遗传）；在这类人群中这一变体的出现在减少色素沉着方面有很强烈的剂量效应（dosage effect）。那些带有两个原初变体拷贝的人比只带有一个原初变体拷贝和一个后起变体的人具有更多的色素沉着，而且他们也比带有两个后起变体拷贝的人，具有更多的色素沉着。

另外两个也能减少色素沉着的后起变体也显示相同的模式，即它们也几乎完全一致地在欧洲人身上呈现，而在非洲人和东亚人身上几乎找不到。它们在欧洲人身上出现的时间相同。它们也是从两个基因的单一碱基对中产生的：这两个基因是 *SLC45A2* 基因和 *TYRP1* 基因。因为模式如此相似，我们就不展开叙述它们了，唯一需要注意的是它们也带有远古欧洲人普遍存在的选择性清除标志。

刚才我们讨论了 *KITLG* 基因的后起变体，其出现在早期的被称为原欧亚（proto-Eurasian）人群中，也就是在欧洲和东亚移民分野之前。所以，其在祖先谱系是欧洲和东亚的大部分人身上都起着减少皮肤色素沉着的作用。而在东亚人群中出现的产生时间更近的变体也能够降低色素沉着，却在欧洲人身上完全找不到。

也许研究最透彻的就是 *OCA2* 基因的后起变体。*OCA2* 基因在东亚祖先谱系人群中有一个最为显著和广泛传播的色素减少效应。一个在祖先 DNA 上的变异改变了 A-T 碱基对，并在后起变体上变成了 G-C 碱基对：

原初变体

CTCTTACAGC**A**TAGGATATCT
GAGAATGTCG**T**ATCCTATAGA

后起变体

CTCTTACAGC**G**TAGGATATCT
GAGAATGTCG**C**ATCCTATAGA

这一变体广泛存在于东亚人群中，和其他类似的变体一样，该变体周围的 DNA 都带有自然选择青睐该变体的证据。

自然选择可以独立地青睐欧洲和东亚人群中不同的色素减少变体这一观察是一个绝佳的例子，证明生物学家所说的**趋同演化**（*convergent evolution*）。当不同人群处在相似的环境中时，趋同演化会让不同的人群在彼此独立的情况下产生相同的外部特征。导致不同人群中出现相同外部特征的变体通常是不同的，正如这里所展示的一样，因为变异是独立发生的。也就是说对自然选择的反应在不同人群中是相同的，但其遗传基础是不同的。

虽然这一特定变体来自东亚人群，但是一些欧洲祖先谱系的人群，也带有这一相同基因（*OCA2* 基因）的不同变体与东亚变体不同。DNA 上的基因是长链碱基对组成的，变异可以在基因的任何一个部位发生。当世界上全部人口都考虑进去时，一个基因出现成百上千个变体是可能的。目前已知的存在于东亚人中的彼此独立产生的色素减少变体，包括在 *DCT* 基因和 *ATRN* 基因上存在的主要色素减少变体就证明了东亚人的遗传基础相当复杂，且归因于多个基因中的不同变体。

有关皮肤色素趋同演化的最有趣的一个例子来自尼安德特人。现代人类中 *MC1R* 基因上有若干后起变体实质上减少了真黑素，导致红头发和浅色皮肤且伴有雀斑。这个基因的变体在爱尔兰、英国和荷兰祖先谱系的人群中特别常见，因为远古时期生活在欧洲北部的人群发生了这一变异，这些变异导致了红头发（本章前面提到过）。[14]2007 年，来自西班牙、意大利、德国和法国的科学家发现在意大利和阿尔卑斯地区的尼安德特人残骸中的 DNA，在同一个基因上含有一个变体可能本质上降低了真黑素的产生。[15] 根据他们的分析可知，这个尼安德特人可能有着红头发和非常浅色的皮肤，和现今带有该基因相似后起变体的人类一样。所以自然选择也许青睐于，至少是这些生活在日照少的欧洲地区的有着浅色皮肤的尼安德特人。虽然尼安德特人的这一变体出现在与现代人类（祖先谱系为爱尔兰和苏格兰的人）色素降低变体发生的同一基因上，但是这一特定变体从未在人体中找到，也许为尼安德特人所特有。所以尼安德特人的这一变体一定是独立分化而生的，这也是尼安德特人和现代人类减少色素沉着变体趋同演化的例子。有趣的是，这一基因的原初变体早就在其他尼安德特人的 DNA 上发现了，这就表明在这些尼安德特人身上有着更深色的皮肤、头发和眼睛，说明尼安德特人有着广泛的色素沉着变化，如同现代人类一样。[16]

持续一定的时间暴露在日晒下，皮肤能够晒黑的能力也同样是通过自然选择演化出的遗传特性。最浅的肤色在地球最北部地区，如斯堪的纳维亚半岛、俄罗斯西北地区、英伦诸岛和爱尔兰演化而出。在这些地区，冬天日晒时间短，夏日白天虽然长，但因阳光直射角度低，所以日照强度不如世界其他地区强烈。具有这一地区祖先谱系或这一地区祖先谱系占主导地位的人群通常很易晒伤，而不能晒黑。他们极浅的肤色是其祖先对这一地区的完美适应，因为浅色皮肤能够在低日照的情况下协助产生维生素 D。在居于更为中间纬度的地区，冬天日晒不强烈，人群肤色相对浅，当夏天日晒强烈时，人群的肤色就变暗，这样就形成了暴露和保护的组合机制，既可以促进维生素 D 的产生同时还能避免叶酸被破坏。祖先谱系为中间纬度地区的人具有的晒黑能力使得他们的皮肤适应了四季变换和不同的日晒强度。一些人认为这种逐渐增加暴晒导致的晒黑并不是一个好的适应，因为这不仅耗时，而且一开始并不能阻止日晒损伤。对这种看法，宾夕法尼亚大学的妮娜·雅布隆斯基（Nina Jablonsky）和乔治·卓别林（George Chaplin）写道：

我们都是非洲人

> 以现代医学观点来看，晒黑是对紫外线辐射的不完美适应，因为其破坏了皮肤的结缔组织、免疫系统和DNA，因此将导致产生皮肤癌的渐进改变。上述看法对于21世纪高速移动和寿命更长的人类来说是较为适当的，但那些生活在18世纪或更早的人，他们还没有现代人的快速长途旅行手段，对他们来说上述说法就不合适了。在早育盛行、人类平均寿命还未通过饮食和医疗手段达到延长的时代，皮肤癌对成功繁衍没有影响。而且皮肤癌风险的遗传模式也与根据自然选择对抗皮肤癌做出的预测并不一致。所以在人类演化的语境下，晒黑的出现曾经是一个绝佳的演化妥协。[17]

总结一下，尽管人类肤色变化的遗传基础复杂多变，但科学研究推理的结果却是明白无误的。高度的皮肤色素沉着是人类远古的一种状态，能够追溯到所有人类最初的非洲起源。产生减少皮肤色素沉着的变体与发生在最近一次主要冰河时期的向欧洲和东亚的远古迁徙强烈关联，当时欧洲和东亚冬天日晒很少。带有这些变体的人群在这些地区存活并繁衍下来是因为他们比那些肤色深的人能够更好地制造维生素D。与此相对照的是，高度的色素沉着对于生活在终年日晒强烈、靠近赤道的人群来说是一个优势，因为高度色素沉着可以保护叶酸免受破坏，进而避免致命问题的发生。很多能够减少皮肤色素沉着的变体已经在欧洲人群和东亚人群的祖先中确定下来，它们就是分子水平上的自然选择标记，包含能够迅速增加这些变体存在广泛性的选择性清除。[18]

让我们回到本章开篇的马丁·路德·金的演讲，我们远未达到人们“不是以他们的肤色来评价他们”的那一天。还没有任何来自科学的证据表明肤色的歧视是正当的。相反，科学已经让我们明确理解了皮肤、头发和眼睛的颜色变化为什么是人类多样性的明显表达，而且这与人种优越论或所谓的人种纯净论完全没有关系。相反，色素变化与我们的演化历史、自然选择的效果以及人类多样性息息相关，让我们不禁赞叹塑造我们过去和现在的自然力量的伟大。

Chapter 5 第 5 章

人类多样性与健康

Human Diversity and Health

2006年9月24日，得克萨斯州休斯敦的下午炎热潮湿，与往年比起来很不寻常。莱斯大学橄榄球比赛刚刚过去一天，足球队里的替补队员，有的上场很短时间，有的干脆连球也没有碰，他们大多数都是低年级学生，参与了高强度举重以及16轮不间断百米冲刺的集训。其中一名队员19岁，担任防守后卫，在24日下午参加训练，他在最后一轮百米冲刺后体力不支失去知觉，第二天便去世了。接下来的尸检表明他患有镰状细胞病（sickle-cell trait），这是一种典型的良性遗传状况，发病极少。当症状出现时，诱发因素通常是极度的体力压力、中暑和脱水三

者的结合。在极少数的案例中症状极为严重，有时是致命的，正如本章开头的悲剧一样。

这个年轻人是一位非洲裔美国人。虽然镰状细胞病会在不同的祖先背景的人群中发病，但是最常出现问题的人群是非洲祖先谱系的人群。是 *HBB* 基因中的后起变体导致了镰状细胞病：

原初变体

CTGACTCCTG**A**GGAGAAGTCT
GACTGAGGAC**T**CCTCTTCAGA

后起变体

CTGACTCCTG**T**GGAGAAGTCT
GACTGAGGAC**A**CCTCTTCAGA

在非洲祖先谱系人群中相对广泛的镰状细胞病的原因被详细地研究过，是人类有记录的自然选择的最佳案例，其最早的证据是在 1954 年。[1] 与此相关的原初变体通常被定义为 A，其后起变体定义为 S。人类遗传了每个基因的两个拷贝分别来自父亲和母亲，所以每个人是三种组合可能性中的一种：*AA*、*SS* 或者 *AS*。用遗传学术语来说，从双亲遗传了相同变体的人（*SS* 或 *AA*）被称为**纯合子**（*homozygous*），而遗传了不同变体（*AS*）的人称为**杂合子**（*heterozygous*）。有纯合子 *SS* 的人会出现严重的遗传疾病，医学上称为**镰状细胞性贫血**（*sickle-cell anemia*），其典型症状就是由于血红细胞功能丧失导致极度虚弱、全身剧痛，尤其是关节；手脚肿胀、脾脏损伤，导致经常性的感染；还会有视网膜损伤导致失明。现代医学手段出现以前，镰状细胞性贫血常常是致命性的，病患通常在儿童或青春期就死亡了，但是拜现代诊疗手段所赐，虽然患者疼痛并未显著减少，但寿命却大大延长了。那些带有杂合子 *AS* 的人具有镰状细胞病（不是镰状细胞性贫血），可能终其一生都不知道，因为几乎不会有任何症状。两种情况——镰状细胞性贫血（*SS*）和镰状细胞病——统称为镰状细胞贫血病（*sickle-cell disease*）。

S 变体在非洲祖先谱系的人身上之所以相当普遍，是因为近期的人类演化和疟疾有关。疟疾是一种因蚊子叮咬使疟原虫进入的血液而导致的严重感染疾病。目前有若干种类型的疟疾，每种致病的疟原虫稍微有所不同。有一种疟原虫叫恶性疟原虫（*Plasmodium falciparum*）可以导致最严重的疟疾症状。世界上没有任何地方的疟原虫分布比赤道非洲地区更广泛了。

为了彻底理解恶性疟疾和镰状细胞病的关系，我们需要回到人类进化历史上大约 200 万年以前。那时解剖学上的现代人类还不存在，我们的类人祖先无一例外地生活在非洲。他们很易受一种症状较轻的疟疾而不是现今侵扰人类的恶性疟疾的感染，但是在当时也足够导致严重的疾患和死亡。黑猩猩一直以来受此症状较轻的疟疾困扰，但是现在的人类则对这种疟疾有免疫能力。我们远古祖先身上的 *CMAH* 基因发生变异，产生了一个能够对症状较轻的疟疾免疫的变体。自然选择青睐我们祖先的这一变体，最终成为保留下来的唯一变体，而原初变体则完全消失了。现今所有活着的人类都是产生这一保护性变体的 *CMAH* 基因的纯合子，对仍然感染黑猩猩的较轻症状的疟疾有免疫力。

然而，对疟疾的免疫最终没有持续下去。导致疟疾的寄生虫也是具有 DNA 的活体，所以能够增加感染能力的 DNA 变体在自然选择中被保留下来。经过近 200 万年的时间该变体在远古疟原虫的 DNA 中积聚，使得新的种属进化而出，其中一种仅感染人类，这就是恶性疟原虫。这一新的种属打败了保护我们祖先的遗传免疫。疟原虫身体上最后的变异发生在较为近期的时候，大约是在 5000 年到 1 万年以前，正好在人类散播到全世界以后。[2]

S 变体能够抵抗疟原虫的感染，特别是小孩子身上的感染，所以带有 *S* 变体（*AS*）的一个拷贝的人，也就是说具有镰状细胞病的人，比带有原初变体（*AA*）两个拷贝的人更能抵抗疟原虫的感染。在疟疾近乎绝迹或极少出现的温带地区 *S* 变体几乎不具有或完全没有优势。事实上，在人类历史的大多数时间里温带地区 *S* 变体甚至是有劣势的。如果没有现代医疗手段，患有镰状细胞性贫血（*SS*）的孩子在成年生育前就已经死去了，自然也不能把 *S* 变体遗传给后代。在诸如疟疾横行的赤道非洲地区，带有镰状细胞病（*AS*）的人却具有生存优势且能繁育后代，因为他们对疟疾有抵抗力。而且他们遗传了 *S* 变体一个拷贝的后代同样具有这个优势。

在非洲的几千年间以及在阿拉伯半岛、南亚和地中海地区的较小范围内，自然选择更青睐具有 *S* 变体的镰状细胞病的人。所以祖先来自上述疟疾横行地区的人们，今天更可能带有 *S* 变体和镰状细胞病。而且镰状细胞性贫血在那些祖先来自上述地区的人群中更普遍，虽然不如镰状细胞病人群普遍。因为从双亲（二者必须都是 *AS* 变体才行）遗传 *S* 变体的可能性不如仅仅从父母一方遗传的可能性大。

充分的证据证明 *S* 变体在非洲独立出现过很多次，其中一次不晚于 2100 年前。[3] 而祖先谱系来自阿拉伯半岛到南亚这一段地区的人群带有的 *S* 变体也来自独立的变异。[4] 每次当一个地区的疟疾横行之时，*S* 变体就从变异中产生，自然选择促进了此种广泛性的增加。所以这一变体不是单纯从非洲来的，只是更频繁地见于有非洲祖先谱系的人身上。而且重要的是，并不是每一个具有非洲、阿拉伯或南亚祖先谱系的人都带有 *S* 变体；事实上只有一小部分人带有 *S* 变体，所以具有以上祖先谱系的人不能都保证带有 *S* 变体，只是相较于没有上述地区祖先谱系的人稍微增加了一点可能性而已。

镰状细胞病是演化历史如何与现代人种冲突纠缠不清的一个例子。本章开头那个年轻人不幸死亡后，他的家人发现他不是第一例因镰状细胞综合征在极端训练后死亡的运动员；一些带有镰状细胞病的非洲裔美国大学生运动员在相似的训练环境下死亡。很多人都认为如果他和其他运动员做了测试，并知晓自己的健康状况，那么他们也许能够避免导致死亡的极端训练。他的家庭将莱斯大学和全美大学体育协会（National Collegiate Athletic

Association，NCAA）告上法庭。其他运动员家庭也参与了诉讼。最终，经过法庭和解，全美大学体育协会修正了有关镰状细胞病测试的规则。从 2010 年开始，协会要求所有的大学生运动员，无论其祖先谱系背景都需要接受镰状细胞病测试，以证明其身体状况或签署弃权声明方可不接受测试。

该规则连同由极具声望的科研组织发出的有关可能出现种族歧视的生硬警告迅速引发争议。一份由美国血液学会（American Society of Hematology，ASH）于 2012 年发布的代表了超过 1.6 万名血液疾病专业医生和科学家的官方声明说："全美大学体育协会的政策规避风险的做法极不严谨，混淆了对其他相关风险因素的考量，无法应用于适当的辅助服务，且可能招致种族歧视的骂名。"[5] 该学会建议用，"对所有运动员都有效的普遍干预（而非仅针对镰状细胞病）以减少过度训练导致的受伤和死亡"取而代之。[6] 根据美国镰状细胞病协会（Sickle Cell Disease Association of America，SCDAA）的一份声明可知，目前全美大学体育协会的要求"会导致针对镰状细胞病运动员极大的歧视和污名化风险。全美大学体育协会强制要求镰状细胞病筛查无法提供足够的遗传信息隐私保护，也不能预防信息的歧视化使用"。[7]

美军也面临类似的处境。有关征兵期间基础军训罕见死亡调查发现，带有镰状细胞病的新兵比没有此症的新兵有更高的死亡率。[8] 但更为显著的是，大多数带有镰状细胞病的新兵都通过了基础训练测试并未发生不测，而一些不带有镰状细胞病的新兵却在过度训练中死去。镰状细胞病仅仅是增加了过度训练在数据上的死亡可能性。为了回应这一情况，美军改变了其基础训练协议进而更好地保护所有士兵，防止与过度训练、中暑和脱水有关的风险，而不去看是否有镰状细胞病。事实上，目前美军中没有任何机构会测试或者要求有关入伍者的镰状细胞病的情况。巴西人中为数不少者也有非洲祖先谱系，也具有镰状细胞病较高的发生率。巴西军队也开始执行相似的政策保护所有士兵免受过度训练带来的不测，同时也无须镰状细胞病测试。美国血液协会已经推荐大学生运动员项目也这样做。

镰状细胞病也许是最为知名的与祖先谱系有关的遗传症状之一。另一个例子就是，在东南亚疟疾也相当普遍，然而镰状细胞病却不常见。在东南亚自然选择青睐另一套变体抵抗疟疾，这些变体不会导致镰状细胞产生或镰状细胞性贫血。与上述不同，当纯合子出现时，若干变体会导致严重的通常是致命的与血液相关的症状，叫作地中海贫血（thalassemia）。症状包括极端乏力、易累、黄疸（皮肤变黄）、腹部浮肿、骨骼畸形以及生长发育迟缓。如果一个人是杂合子，仅仅遗传了这些变体之一的一个拷贝就能够增加抵抗疟疾的能力，而不会有地中海贫血的症状。盖因自然选择，地中海贫血变成为对抗疟疾而出现的最常见的遗传疾病之一，困扰着祖先来自东南亚这一地区的人们。然而，地中海贫血绝非祖先谱系为东南亚的人群独有。地中海贫血的产生主要是由于世界各地人口中发现的一系列变体。而其分布的广泛性在祖先谱系为疟疾横行地区的人群中最为显著，原因就是自然选择青睐于在其祖先中保留抵抗疟疾的能力。

另一个表明与地理祖先谱系相关频繁出现的严重遗传疾病的例子就是囊性纤维化（cystic fibrosis）。其症状因人而异，通常包括导致慢性咳嗽和哮喘的黏液增稠、肺部感染的易感性以及消化系统问题。这是 *CFTR* 基因的后起变体导致的病变，病患一定是从双亲那里遗传了这些变体（也就是说一定是纯合子）。那些仅遗传了一个后起变体的人被称为**杂合子携带者**（*heterozygous carriers*），他们也许将变体遗传给了他们的子女，但是并不表现出症状。囊性纤维化大部分都源于纯合子的相同后起变体，称为**德尔塔 F508 变体**（*delta F508*），与原初变体相比，其缺少三个碱基对：

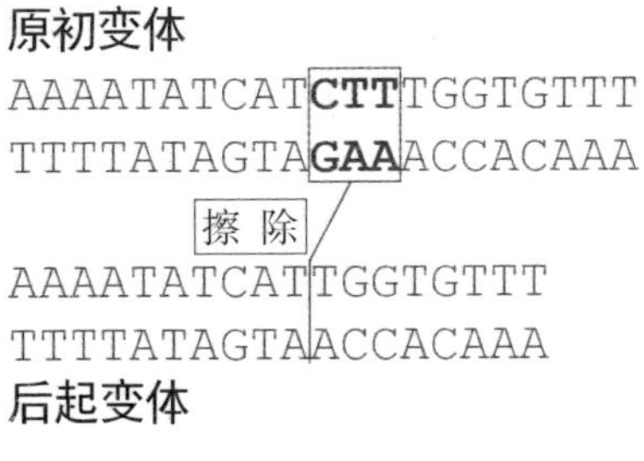

原初变体

```
AAAATATCATCTTTGGTGTTT
TTTTATAGTAGAAACCACAAA
```

擦除

```
AAAATATCATTGGTGTTT
TTTTATAGTAACCACAAA
```

后起变体

德尔塔表示的“擦除”（deletion），意思是一个变异去除了三个碱基对，产生了这个后起变体。围绕在这一变体的 DNA 证据显示其原初变异仅发生在人类身上，所以每个遗传这一变体的人，无论是有一个或两个拷贝的，其祖先的 DNA 的这一部分变体都可以追溯到远古的同一个人身上。这一变体如此古老，以至于很难确定这个人生活的地区。这个人也许生活在大约3万年前的中亚到欧洲的某个地方，其较远的后代后来在欧洲的大部分地区定居繁衍。[9]带有这一变体的人具有相对较高比例的欧洲祖先谱系，这也许是因为自然选择的结果。

这个变体的杂合子携带者较少可能受到因痢疾引起的严重脱水的困扰；所以他们能够更好地抵抗霍乱感染，更能抵御伤寒。这一生存优势也许促进了这一变体的传播，促成了其在远古欧洲的广泛分布。所以囊性纤维化最常见于欧洲祖先谱系的人，正因为如此，该病变是欧洲、加拿大、澳大利亚、美国以及其他具有欧洲祖先谱系高比例人群国家的最常见遗传疾患。

以上所有的例子——镰状细胞病、镰状细胞性贫血、地中海贫血和囊性纤维化——都是由可确定的后起变体导致的遗传问题。以上状况的因果关系清晰且确定，人们已经从分子、细胞和生理学层面的细节上了然于心，而且我们能够检验到很多类似的例子。

然而，较难确定的是，那些不必然引起某种状况或疾病，但却能增强易感性的变体。例如二型糖尿病、心脏病、肥胖、类风湿关节炎、阿尔茨海默病、帕金森症、自闭症以及各种癌症，还有很多与健康相关的家族遗传，但不像囊性纤维化或镰状细胞性贫血那样具有明晰的遗传特征表现的症状。有一些症状，如二型糖尿病、心脏病、肥胖和各种癌症都不完全是遗传的，也与饮食、运动、暴露在化学物质和环境污染这些非遗传因素有关，也就是遗传因素和环境相互作用的结果。

科学中需要注意区分因果关系和相关性。虽然相关性常常是因果关系的结果，但科学的核心准则就是相关性本身不能为因果关系提供充分的证据。举一个简单明了的例子，恶性黑色素瘤这一最危险、最为知名的皮肤癌疾患在犹他州位列全美高发病行列。[10] 犹他州同时有着最低的吸烟率。[11] 然而没有任何称职的科学家会推荐吸烟防治恶性黑色素瘤，因为没有科学证据认为两者有因果关系。如果真的有因果关系那也一定是吸烟导致了恶性黑色素瘤。经过对比，很多遗传关联致病性的因果关系是明确且基于对基因功能和其变体如何影响其功能的清晰理解之上的。如果一个变体导致了一个相关致病基因的功能改变，而且基因的遗传变体与发病率有相关性，那么这个相关性也许至少代表着两者间的一部分因果关系。我们可以考察一下刚刚提到的犹他州具有相对高的黑色素瘤发病率来做个解释。犹他州有第二高的恶性黑色素瘤的发病率，佛蒙特州排第一。这两个州都有相对高比例的北欧祖先谱系人群（事实上，佛蒙特州在全美都是最高的）。犹他州因为其大部分人口生活在高海拔地区（此为环境风险），也有相对高的紫外线辐射。正如我们已经看到的，北欧祖先谱系占绝大多数的人携带减少皮肤色素沉着的后起变体增加了他们暴露在日晒下罹患恶性黑色素瘤的易感性。所以对恶性黑色素瘤的易感性和减少皮肤色素沉着变体是在因果关系上相互关联的。与这一相关性相反的例子也很明显。在美国，恶性黑色素瘤在哥伦比亚地区（华盛顿特区）是最低发的，而该地区具有最高比例的非洲祖先谱系占绝对多数的人群，所以高色素沉着的原初变体防止了这一癌症。

疾病和导致易感性的变体之间的相关性不是绝对的。恶性黑色素瘤即为一例。低色素沉着的基因易感人群只要避免过度日晒并通过衣物和防晒霜就可以降低恶性黑色素瘤的可能性。

在大量与祖先谱系有关的遗传易感性研究中，有一类是酒精依赖倾向性研究，一般被称为酗酒。酗酒影响了许多人而不论祖先背景为何，无论这个人来自世界哪个地方。人类和其他许多物种都有代谢酒精免受其伤害的基因（过量的酒精对人有害，甚至致命）。这些基因产物的功能类似肝脏，这就是为什么一生中消耗大量酒精的人常常罹患肝病。当某人饮用含酒精饮料后，酒精迅速进入血液，很快影响大脑和神经系统。最初带来欣快感，包括所谓的喝高了（buzz），随着饮用量增加，接着就是醉酒。肝脏通过两个步骤来代谢酒精，一开始是把乙醇（酒精饮料中的主要物质）转化为叫作乙醛的中间产物。第二步就是将乙醛转变为乙酸盐，一种让醋有酸味的物质。事实上，肝脏中的化学过程和红酒自然状态下氧化变成醋的过程类似。

控制这一过程的基因变体可能改变身体代谢酒精的能力。一个人携带的变体的某种组合也许要么增加、要么减少了该人对酒精依赖的易感性。遗传状况是导致易感性的原因之一，因为酒精依赖不仅是遗传性的，也受行为的影响。很明显，严格的戒断酒精能够防止酒精依赖，而不受该人携带何种遗传变体的影响。但是对那些经常饮酒的人来说，酒精依赖更强也许因遗传造成，也会因饮酒频率和饮酒量而变化。

举一个具体的例子，某些基因变体组合如 *ADH1B*、*ADH1C* 和 *ALDH2* 会导致饮酒后肝脏代谢第一步产物乙醛过量积聚。有些变体会增加代谢第一步的速率（将乙醇转变为乙醛）；另一些变体降低了代谢第二步的速率（将乙醛转变为乙醋酸）。以上两种情况产生的结果类似：乙醛积聚过量导致脸红症状或酒精红脸反应。用“症状”一词是适当的，因为饮酒后的表现程度和复杂性因人而异，全赖个体遗传体质和具体的酒精饮用量。症状包括面红耳赤、身体其他部位发红、恶心、头疼、意识不清、头晕和视物模糊，通常在一开始的酒精兴奋快感降低后出现。喝酒有脸红症的人常常不愿意过度饮酒，所以自动降低了他们的酒精依赖程度。一些治疗酒精依赖的药物通过阻断乙醛向乙醋酸的转变也会导致脸红症，让饮酒者产生不舒服的感觉，就能达到戒酒的目的。

日常生活中有一些形容脸红症的词，比如“亚洲红”（“Asian glow”“Asian blush”和“Asian flush”）因为这一症状在祖先谱系为东亚，特别是华东、日本和朝鲜半岛的人群中更为常见。和许多其他的基因性状一样，它不是只发生在某一特定祖先谱系人群中，而是在某一特定人群中更为普遍。这就让《耶鲁科学杂志》

（*Yale Scientific*）发表的一篇知名文章的作者做出如下结论：“也许是该给‘亚洲红’起个新名字的时候了。”[12]

若干导致这一症状的变体来源于远古东亚人群并散播到其后代之中。有关这一扩散的最著名研究之一就是 *ADH1B* 基因的后起变体研究。这一变体与原初变体相比增加了乙醇向乙醛转化近百倍的速率。[13] 这很不寻常，因为大多数后起变体与原初变体相比都是降低或者消除原有基因对应位置功能的，而原初变体则是增加其功能。和我们提到的很多例子一样，这一后起变体源于一个碱基对的改变：

原初变体
GGAATCTGTC**G**CACAGATGAC
CCTTAGACAG**C**GTGTCTACTG

后起变体
GGAATCTGTC**A**CACAGATGAC
CCTTAGACAG**T**GTGTCTACTG

这一变体最开始的地理分布极其容易辨别，但是随着东亚远古南北方语言和文化分野而急剧改变。这一变体最为广泛分布的地区就是这一分野的东边，包括现今的中国东部、朝鲜半岛和日本。[14] 带有这一变体的人群更易出现脸红症。基因中第二个变体出现在第一个变体之后，是在中国东部地区、朝鲜半岛和日本人群中最广泛分布的。它进一步加剧了携带有这两个变体的人群的脸红症状。[15]

这两个变体都出现在远古定居于此、语言和族群类别为东亚人的祖先身上。地理和文化对两性交合的限制导致了这两个变体大部分都和历史上所定义的东亚民族有关。这些限制不允许（当然不可能完全限制）这些变体在这些人群的文化界限外散播。因为现代移民的激增，这些变体开始出现在祖先谱系为华东、日本和朝鲜半岛，以及现今生活在世界其他地方的人群中。

酒精依赖与基因中控制解酒的若干不同变体的组合在世界范围内不同人群中都能观察到，比如在亚洲人、非洲人、欧洲人、中东人和美洲原住民，以及其他地区的人身上都有出现。[16] 引起注意的是生活在美国保留区（reservation）的美洲原住民有着极端严重的酒精依赖，困扰着居住在保留区的大多数成年居民。

新闻故事、公众抗议、纪录片、集体诉讼、博客，以及大量书籍都使得内布拉斯加州的怀特克莱（Whiteclay）这一印第安保留区因酒精滥用而臭名昭著。正因为酒精滥用，在若干保留区内是禁止销售酒精饮料的，例如在紧挨着怀特克莱北部贯穿内布拉斯加州和南达科他州（South Dakota）的松树岭印第安保留区（Pine Ridge Indian Reservation）内就不允许销售酒精饮料。克里斯·赫奇斯（Chris Hedges）和乔·萨科（Joe Sacco）在其合著的《毁灭之日，反抗之日》（*Days of Destruction, Days of Revolt*）一书中描绘了被酒精摧毁的城镇严峻的形势：

> 怀特克莱，这一无明确归属的村庄仅存五六户永久居民，不过一个半街区大小，眼看着就消失在草原环抱的平原之中，然而却专事销售啤酒和麦芽酒的营生。没有市政厅、没有消防部门，也没有警察局；没有垃圾回收站、没有市政自来水，也没有城镇下水道系统；没有公园、没有长凳，也没有公共厕所；没有学校、没有教堂，也没有救护车；没有民政组织，也没有图书馆……而卖酒的商店每年却销售相当于450万罐12盎司装的啤酒或麦芽酒，也就是每天销售13 500罐……怀特克莱的回头客都是这个国家最贫穷的人，他们都是来自200英尺开外，离南达科他州边境不远的松树岭保留区的美洲原住民。[17]

社会问题诸如贫困、失业、歧视、不合标准的医疗保健、极差的人居环境和不平等的受教育机会，所有这些无疑都导致了保留区的酒精依赖问题。然而有没有证据证明美洲原住民体内的遗传变体增加了酒精依赖的易感性呢？基于此，对保留区内美洲原住民酒精代谢基因的若干变体的遗传分析的数据显示酒精依赖与某些变体之间可靠的相关性。一些情况下两者呈现负关联性；也就是后起变体防止了酒精依赖。[18]其他研究表明酒精依赖也许与酒精代谢的基因关系不大，而是与其他导致普遍成瘾的基因有关，成瘾物质包括酒精、安非他命（methamphetamines）和可卡因（cocaine）。[19]所以这种相关性的确定是相对较弱的。总的来说，证据表明虽然遗传构成可能在一定程度上引起依赖或者减少依赖，但是保留区内糟糕透顶的社会与经济状况是造成酒精滥用和其他成瘾性毒品滥用的首要因素。

目前为止，我们检视了最近 2 万年内在本地化人群中因变异而产生的变体，这些变体从原来的地区向外扩散。然而，即使是最原初的产生于非洲并一直保留在世界范围人群体内的变体也因地理差异而引起不同的健康问题。

一个最广泛研究的例子就是 *AGT* 基因，该基因调控血压。与降低血压相关的一个变体能够导致现今人群的心脏病的较低致病率。这一变体非常古老，首先出现于走出非洲以前的非洲地区。这些变体如今在全球的分布是不均衡的。原初变体更常见于非洲和非洲以外的一些地区。而后起变体的选择性清除标记说明它在非洲以外若干地区更为普遍。[20] 对这一非均衡分布的可能性解释就是盐分控制的自然选择。该基因控制着体内盐分的含量，原初变体倾向于让盐分停驻在体内，这在饮食盐分不足的地区（通常是非洲大部分地区）是一个优势。而世界上其他地区则富含盐分，在这些区域盐分的停驻就能导致高血压。远古的饮食结构含盐量各异，这就导致了自然选择的不同效果。

诸如此类的健康问题仅仅是数百个与散播到全世界人群中的 DNA 变体相关的抽样研究的一小部分。远古非洲变体和更为近期的变体在世界人口中的分布是不均衡的，而且受到这些变体影响的疾病发生率也常常与地理上的祖先谱系相关。各种因素的叠加导致了变体分布的非均衡性，这些因素包括变异发生的地域和时间、远古人类迁徙和定居的类型、历史上两性交合和文化习惯、地理阻隔、地貌、天气、代际间变体的随机波动以及自然选择的影响。

在人类历史的大部分时间里——包括直到今天的近期历史——有关人种、祖先谱系、健康和遗传的误判数不胜数。在一些例子中，种族主义的错误概念强化了这些错误认识。也许历史上没有哪个地方比美国在对待镰状红细胞病的认识上更能说明这个问题了。镰状细胞性贫血被发现不过百年时间，最初于1910年在非洲裔加勒比地区的年轻人身上发现，当时这些年轻人在美国读书。[21] 接下来的数年中又有若干患者确诊，一些人有症状，但绝大多数没有症状（镰状细胞病和镰状细胞性贫血之间的遗传差异直到1949年的研究中才得出），这主要是当时的错误认识造成的。[22]1930年，两名医生对后来称为镰状细胞症的描述是这样的："呈现轻微贫血症状的镰状细胞病个体不是正常的个体，即使该个体不被看作是镰状细胞性贫血的典型患者，该个体仍然无法面对生活中的变化。"[23]

首先，所有镰状细胞症案例都无一例外是从非洲裔美国人身上发现的，所以这一病症被广泛称为"黑鬼病"（Negro disease）。虽然也有相当数量的欧洲人、中东人和南亚祖先谱系的人患病，但是在这种病只能是非洲裔的人患病这一错误认识的误导下，这些欧洲人、中东人和南亚人常常被认为是未被证明的非洲裔后代。到了 20 世纪 40 年代，在科学家齐心协力地努力下终于确定了镰状细胞病在非洲的范围。他们发现带有镰状细胞症的人占有很高比例，但明显患有镰状细胞性贫血的人非常少。大多数在非洲工作的医生认为是以下三个方面导致了上述情况的出现：（1）不全面的诊断；（2）镰状细胞性贫血儿童的高死亡率；（3）区分镰状细胞性贫血和疟疾症状的困难。然而另一些人则将非洲裔美国人镰状细胞性贫血的高比例归因于所谓的祖先混血。

当时广为人知的是，大多数非洲裔美国人都有一些欧洲祖先谱系，这在现今遗传证据上是很明确的。[24] 这很大程度是因为奴隶主对黑奴的性虐待导致的，这在那些恢复自由的黑奴口述回忆中有大量记载。[25] 所以非洲裔美国人在 20 世纪中叶被看作是混血或杂交人种，和生活在非洲的原住民不同。到 1950 年，A.B. 瑞博（A. B. Raper）发表了一份针对当时科学文献的深入评估报告。在谈到与非洲原住民相比非洲裔美国人所谓的更高镰状细胞性贫血发病率时，他写道："与白人结婚引入了尤其会导致溶血性（贫血）疾病出现的一些因素，可是在最初产生这些因素的地区这一反常现象却保持无害的状态。"[26] 这种观点在当时被广泛地接受，被认为合理地印证了非洲裔美国人在遗传上是低人一等的杂种，既低于"纯种"欧洲人一等，也低于"纯种"非洲人一等。这进一步支持了白人至上主义和反混种生育法以及种族隔离制度。

随后的科学研究消除了以上的错误认识。镰状细胞性贫血确实在非洲表现出来，但症状一如其他地区一样严重。这一疾病在非洲以外地区祖先谱系的人身上也会出现，特别是在疟疾横行的阿拉伯半岛、南亚和地中海地区。而且所谓纯种这一概念，在遗传数据上得不到任何支持。尽管这样，有关白人至上的教条、非洲裔美国人先天低人一等以及人种纯净的错误思想在20世纪六七十年代仍然很有市场，甚至到现在还有人用镰状红细胞病的错误认识来支持上述观点。

在20世纪50年代民权运动风头正劲之时，促进美国人种平等的政治议程强调镰状细胞性贫血是需要优先研究和治疗的疾病。在那之前，欧洲裔美国人中更常见的遗传疾病获得了政府和慈善研究基金中最大的份额。哈佛大学华盛顿特区医学院（Howard University College of Medicine in Washington，DC）教授罗伯特·B.斯科特（Robert B. Scott）医生是最大声疾呼增加镰状细胞性贫血生物学基础和治疗研究经费的代表之一。在其1970年发表的一篇具有影响力的文章中，他悲愤地提到了对镰状细胞性贫血的广泛忽视和缺乏经费支持相关研究和治疗：

> 在1968年，估计有1155例新增SCA（镰状细胞性贫血）患者、囊性纤维病新增1206例、肌肉萎缩（muscular dystrophy）813例、苯丙尿酮症（phenylketonuria）350例。志愿者组织筹措到190万美元用于囊性纤维病、790万美元用于肌肉萎缩，而仅仅有不到10万美元用于镰状细

胞性贫血。全美健康协会（National Institutes of Health）给予其他更不常见的遗传疾病的资助远远超过了对镰状细胞性贫血的资助。[27]

镰状细胞性贫血的资助不足与其说是科研或医疗问题，不如说是一个政治问题。镰状细胞性贫血在医学上比很多不常见的疾病更为严重，但即使是这样却不在政府或慈善资助首要考虑的范围内。梅尔本·泰珀（Melbourne Tapper）在 1999 年的回顾中写道："非洲裔美国人希望增加镰状细胞病的研究资助，通过类似为囊性纤维病、肌肉萎缩和脑瘫筹款的电视系列节目寻求帮助。但节目收效甚微，这和疾病本身无关，而是因为这些电视节目无法消除对非洲裔美国人的偏见，大家都知道镰状细胞病最早是在非洲裔美国人身上发现的。"[28]

一个可以准确检测镰状细胞性贫血和镰状细胞病的生化检测早在 1949 年就诞生了。[29]美国的一些州在施行目标人群为非洲裔美国人的检测项目时，有的是自愿，有的是强制，却往往在实施检测时打上了种族主义的烙印。在这样的背景下，理查德·尼克松总统提议为镰状细胞病的研究增加资助，国会则以通过《全美镰状细胞性贫血控制法案》（National Sickle Cell Anemia Control Act）（控制一词后来改为防治）作为回应，尼克松总统于 1972 年签署生效。虽然鼓励检测，但检测是自愿的，这在一定程度上去除了之前强制检测带来的种族主义之嫌。

检测的目的是告知打算生育的男女双方，如果检测双方均为杂合子携带者（也就是说双方均是镰状细胞病患者），那么后代会是镰状细胞性贫血患者。正如斯科特所言：“无论年轻夫妇是决定不要孩子或是少要孩子，还是不顾风险生孩子，决定权都在他们手里。”[30]

尽管《全美镰状细胞性贫血控制法案》目标高远，然而其影响日渐偃旗息鼓。国会没能分配足够的基金资助，该法案生效3年后宣布终止。很多因法案生效而建立的门诊由于资金紧张而关闭。镰状细胞性贫血的联邦专款后来并入一般性遗传疾病专款之中，这样一来又免不了和其他欧洲裔美国人中最普遍的遗传疾病（如囊性纤维病和肌肉萎缩）竞争资金的命运。[31]

1986年的研究显示，对镰状细胞性贫血患儿的早期介入治疗能够显著地提高其一生的健康状况。这一发现为新生儿筛查立法提供了动力。新生儿一旦确定为镰状细胞性贫血就会立刻给予治疗，改善其一生的健康前景。在未来20年里，50个州将执行新生儿镰状细胞病筛查工作，而哥伦比亚特区从2006年就已经开始了。在镰状细胞病组织、保健专业人员和全美有色人种促进协会（National Association for the Advancement of Colored People，NAACP）的支持下，国会在2003年通过了《镰状细胞病治疗法案》（Sickle Cell Treatment Act），时任总统小布什签署生效。这一法案为研究、咨询、教育提供联邦资金并将资金与医疗补助相匹配用于协助治疗，并在全美建立镰状细胞病治疗中心。

镰状红细胞病无疑是健康、遗传和祖先谱系如何与种族紧张纠缠在一起的最显著的例子。这些紧张关系已经持续了近一个世纪，而且还如影随形，正如上述运动员镰状细胞病测试导致的争议一样。类似的例子比比皆是，虽然不那么出名，但它们仍旧折射出无论有意与否，对科学知识的无知是如何演变成歧视的。

例如，乳糖不耐受症就是人体无法完全消化乳制品，特别是鲜奶，这在全世界很普遍，影响着全球超过 65% 的人口。事实上乳糖不耐受是人类始祖具有的状况。哺乳动物包括人类都是在婴儿期喝奶，当开始吃其他食物的时候断奶。牛奶中主要的糖分是乳糖，身体必须将乳糖分子分解为其他可以消化的糖类。我们 DNA 中的一个称为 *LCT* 的基因对一种叫乳糖酶的蛋白编码消化乳糖。这一基因在婴儿期很活跃，但是在很多人体内，当断奶后，遗传编码将这一基因的活动关闭，因为在人类圈养产乳动物之前的远古时期，这一基因在断奶的孩子身上已经毫无用处了。一些人携带了可以防止活动关闭的后起变体使得 *LCT* 基因在成年后仍然活跃，这样，这些人就可以一直喝牛奶了，这被称为**乳糖酶持续**（*lactase persistence*）。若干后起变体能够导致乳糖酶持续，它们彼此独立地出现在人体中，而且这些变体大部分都在祖先依赖产奶家畜（如骆驼、绵羊和山羊）的人群中。

还有一个绝佳的例子证明这些变体通过自然选择特别倾向家养产奶动物的人群居住地区。牛奶和其他奶制品是高营养物质，尤其是在远古食物短缺的情况下是热量、维生素和矿物质的优质来源。在人类驯化动物以获得奶制品的地区能够消化牛奶和奶制品作为食物来源之一的人群比那些不能消化的人群具有生存和繁衍优势。自然选择青睐这些变体并迅速增加它们在食用奶制品社会中的广泛性，而且这一演化模式已经在世界上若干地区独立出现了。

例如，在东非现在的肯尼亚和坦桑尼亚的游牧人群早在 7000 年以前就开始为了获取牛奶而驯养动物。他们中很大一部分后代目前仍然生活在非洲就携带有能够让 *LCT* 基因在成年以后仍然保活的后起变体。[32] 在阿拉伯半岛喝牛奶也是很普遍的，另一个能够让乳糖酶持续活跃的变体在这个区域的人体中出现并传给了其后代。然而还有一个能够让乳糖酶持续活跃的变体在祖先谱系为北欧的人群中相当普遍，北欧人一直以来把喝牛奶和羊奶作为食物来源之一。这一变体在北美人群中也相当普遍，大约有 77% 的祖先谱系来自欧洲的北美人都有这一变体，这也就说明了为什么欧洲、美国、加拿大和其他祖先谱系为欧洲地区的人对奶制品的消费量很高。

远古美洲原住民从没有为了奶制品而驯养家畜。所以能够让乳糖酶持续活跃的变体在美洲原住民身上少之又少也就一点儿也不奇怪了，他们在 3 岁的时候就丧失了消化奶的能力。对大部分美洲原住民乳糖不耐受及其基础科学的无知，使得政府官员推广美国政府食物补助计划，将过量的奶制品分配到原住民居住的印第安保留区，使得大多数居民出现乳糖不耐受的症状。美洲原住人类学家与美国人权委员会（US Commission on Civil Rights）官员雪莉·希尔·维特（Shirley Hill Witt）描述了在纳瓦霍人保留区（Navajo reservation）出现的上述状况：

> 对盎格鲁人身体有益的东西事实上不一定适合任何人。这也许又是一例该被清除的无脑偏见：**营养种族中心主义**（*nutritional ethnocentrism*）。也就是说种族中心主义的结果可能比我们想象的更为顽固、更深入人心。在纳瓦霍人泥盖木屋（hogans）附近驯养动物的圈里，你经常能找到商品计划分配的奶制品残余：奶油、奶酪和奶粉。
>
> 越来越多的调查结果出炉，事实变得无可辩驳——对于世界上很多或者大多数人来说牛奶不是最有价值的食物，不是“自然的恩赐”（nature’s way），虽然奶制品工业这样宣称。这些研究表明我们大多数人过了儿童时期后就不能喝牛奶了，否则就要肠道不适、痉挛、胀气、腹泻和恶心。[33]

公立学校食堂里推销牛奶和其他奶制品，让孩子喝牛奶也同样是忽视了那些不是来自远古奶制品依赖文化圈后代的广泛存在的乳糖不耐受。这对那些建在或靠近保留区的学校尤其相关。雪莉·希尔·维特继续说：

> 全美的学校里儿童被连哄带骗地喝下大量牛奶，而不管他们是不是在遗传上接受奶制品。在 1972 年我指导

的一项在新墨西哥州普韦布洛（Pueblos）村落的研究显示，100 个 6 岁孩子中只有 1 个孩子能耐受乳糖，且不出现强烈的消化反应。[34]

在医生的监督下，可信的针对乳糖不耐受的实验室检测对于行政单位而言唾手可得。这样的检测大多数都不是遗传性的而是直接测量一个人的乳糖消化能力。对于那些乳糖不耐受的人来说，能够获得减少乳糖和不含乳糖的乳制品作为身体营养的补充就能让很多想吃乳制品但又乳糖不耐受的人有了选择。

因为祖先谱系与健康的诸多因素有密切联系，所以医生们在历史上已经使用人种分类推荐不同的测试和食疗手段。这一用意不带有人种偏见，而是一种根据健康问题和祖先谱系的医学文献采用的更有效的直接医学干预的手段。例如，在欧洲祖先谱系为主的人群中做的囊性纤维病的靶向检测和基因检测，或者在非洲祖先谱系为主的人群中做的镰状红细胞疾病靶向和基因检测，对很多医疗保健组织来说都有经济效益上的意义。

简单、价格低廉、迅速且易于实行的血液检测能立刻检测到多达 29 项的婴儿疾患。虽然很多疾患在祖先谱系可追溯到世界某些特定地区的人群中更常见，但美国医学遗传学与基因组学学会（American College of Medical Genetics）仍建议为这 29 项疾患做全面的婴儿筛查，而不是仅针对某些种族人群。原因就在于防止漏查并及时治疗以避免疾患发展出严重的后果。[35] 针对种族人群的检测不可避免会漏掉一些病患，因为婴儿的种族分类是对祖先谱系的不准确推断。更重要的是，针对种族人群的筛查历史已经表明无论有意无意，种族歧视和污名化是不可避免的后果。人种或种族分类在此类医学检测上是无效的。

2005 年以前还没有任何用于治疗特定人种族群的医疗手段获得美国食品药品管理局（FDA）的许可。但就在 2005 年，根据临床测试结果，一种名为肼屈嗪的药物（商品名 BiDil——译者注）在美国批准上市，专门用于治疗非洲裔美国人的充血性心力衰竭（congestive heart failure）。其初步临床试验包括不同祖先谱系的人群。最初结果显示该药物优势不明显，直到研究人员根据自我确认的人种分类重新检视了数据并解析了分析结果，该药效果才出现了反转。他们发现，对自我确认为非洲裔美国人的受试者可能有益。这就促成了仅针对受试者为非洲裔美国人的另一项临床试验。所有参与者在实验之初服用其他药物时都遭受充血性心力衰竭之苦。研究人员随机指定受试者在原有药物的基础上添加服用 BiDil 或安慰剂。该实验原计划持续 18 个月，但由于那些服用 BiDil 的患者显示了较低的致死率而提前停止。FDA 于是根据这一实验基础批准 BiDil 用于非洲裔美国患者。

一些组织，如全美有色人种促进协会赞扬了这一将医学研究聚焦于长期遭受医疗歧视的种族人群的做法。事实上针对非洲裔美国人的医学研究曾有着骇人听闻的历史记录，在整个 20 世纪与镰状红细胞病有关的不实主张和彻底的失误就是一例。然而，也许最臭名昭著的例子是 1932 年到 1972 年在亚拉巴马州塔斯基吉（Tuskegee）展开的研究，研究中非洲裔美国男性被据称是有关血液疾病测试的误导而参与实验。而此研究的真正目的实为有关梅毒的研究却对参与者隐瞒。应征参与研究的大多数男性在研究开始时已经感染了梅毒，而另一些也在不知情的情况下被感染。没有人被告知他们患有梅毒且没有人接受治疗，即使在研究之初青霉素已经作为一种有效的治疗手段出现。梅毒不仅被放任发展，而且其中很多人的配偶也被感染，他们的孩子也无一幸免。这项研究在进行了 40 年后由于举报人向相关部门的报告未予重视继而向媒体公之于众后最终被叫停。随后国会命令在法律和伦理方面要求对政府资助的研究做出了一系列实质性改变。

非洲裔美国人在过去数十年遭到的非公平对待后，BiDil 仅针对非洲裔美国人的排他临床试验看起来则提供了一个反转的信号。药品公司的官员告诉我们，“BiDil 是‘塔斯基吉丑闻的对立面’”，而且“BiDil 的批准是塔斯基吉丑闻的终结”。[36] 然而，遗传学家、医学研究人员、伦理学家、法学家以及相当多的医生都谴责 BiDil 药物以精心构建的营销伎俩为名展开测试和上市，为制药公司谋取利润。其实 BiDil 不过是两种现有遗传药物的组合，只不过有效剂量用现有两种药物无法轻易配伍出来而已。如果医生能够轻易开出合适的遗传替代药物剂量，那么替代药物的效果不仅和 BiDil 一样有效而且更便宜。目前没有研究显示是否其他的剂量，包括现有遗传药物在内会使治疗效果变差、相等或更好。

结果BiDil没能做好市场预期。预计针对非洲裔美国人的处方和销售并不理想，而且市场营销也于2008年告终。BiDil的制药公司也不得不在2009年缩小规模被另一家制药公司收购。[37]

针对非洲裔美国人的药物暗示其有效性的遗传基础恰好和所谓的种族分野相一致。著名遗传学家则抨击这一暗示，认为如果BiDil有效性的变化有遗传基础，那么研究效果显著的病人其用药有效性和具体DNA变体之间的联系将会更可靠，而不是把研究建立在自我确认种族分类的标准上。基因药物领域最杰出的科学家和商业领袖之一的J. 克里格·范特（J. Craig Venter）和他的同事说道："为了获得真正个性化的药物，科学共同体必须集中阐明，药物发挥效用的遗传和环境因素，而不是满足于人种为基础的方法。"[38]正如密歇根州立大学的哈罗德·布罗迪（Howard Brody）和琳达·M. 亨特（Linda M. Hunt）所指出的那样，没有经济效益的激励就没有制药公司愿意做这个事情：

> 具体的遗传特征与积极的治疗反应之间的关联要到什么程度才能够具有市场潜力呢？只要进一步的研究结果有一些导致市场萎缩的可能性，即使是极小的可能性，制药公司就有可能减少相关研究的投入。[39]

布罗迪和亨特进一步论证道，自我确认的种族类别能够作为有效的医疗标准，不是因为遗传基础而是因为社会和文化的原因：

> 受过良好的健康生物心理学训练的家庭医生应该特别注意排除社会和文化因素的疾病研究方法……
>
> 例如高血压，这一充血性心脏病的主要诱发风险因素就更常见于非洲裔美国人社区。长久以来的社会压力已经成为可能的高血压诱发因素。饮食、锻炼和其他环境变量也可能是因素之一。[40]

最后，BiDil成了又一个以人种为基础的极具争议的药物。虽然冠之以首款个性化药物（也就是遗传上的靶向治疗和干预），但实则言过其实。真正意义上的个性化药物应该辅之以针对具体遗传变体的治疗方案可以直接针对某人的DNA，而不是考虑人种分类。

最近一例是2014年6月发表的题为“二甲双胍对种族血糖控制的不同影响”（Differing Effect of Metformin on Glycemic Control by Race-Ethnicity）一文受到大众传媒的相当大的关注。文章表明了糖尿病药物二甲双胍对自我确认的非洲裔美国人比对欧洲裔美国人更明显的效果。虽然读者已经猜出了导致差异的原因是遗传性的，但是文章的一干作者却在结论中指出任何此类的猜测都远非定论：“研究推测的遗传祖先谱系效应而不是自我确认的种族群体，也许可以帮助澄清在不同人群中对二甲双胍的反应是否存在可遗传的因素。”[41]

数年以来，用于医疗的大部分 DNA 测试都是针对单一的遗传变体，且测试昂贵，医疗保险不予覆盖。但是这一情况正在急剧地发生变化。DNA 变体测试的费用已经陡然下跌到大部分人都可以承受的范围。例如同步检测上千个变体的测试，目前的花费少于 100 美金，且不需要医生的处方就可进行。一些公司通过网络提供诸如此类的测试。一个人只需下订单、付款，坐等测试工具快递到家。用户只需要用药签涂抹口腔内侧或者将唾液吐入试管中，再将样本寄回公司即可。

当样本分析完成后，测试结果仅该用户在线可见。祖先谱系信息标记物变体显示大部分个体祖先谱系的可能的组成部分，通常并不是排他的来源于某一个特定区域，而是一个来自世界不同地域的遗传 DNA 片段的混合。一些测试同样揭示了与健康有关的变体，包括那些与遗传疾病，如囊性纤维病、镰状红细胞病、乳糖不耐受以及其他疾病强烈相关的变体。这一测试还能揭示出人们对某些与遗传疾病相关性比例超出平均水平的疾病的易感性，比如对二型糖尿病、酒精依赖、冠心病、阿尔茨海默病和帕金森症的易感性或防御性，以及对各类型的癌症和其他疾病的易感性等。然而，美国食品药品管理局出台了严格的规定，从根本上限制了公司能够直接提供给消费者基于 DNA 变体的何种健康信息，这一规定可能因争议而被法院终止。[42] 原始数据包括所有测试的变体数据仍然在册可查，以便具备与DNA变体相关知识的健康专业人员解读测试结果。不幸的是，很多医生不具备通过研究具体DNA变体如何与疾病易感的相关性而提供准确信息的能力。相反，为了获得准确和最新的信息病患必须咨询临床遗传专业背景的医生。

这样的测试迅速开启了真正意义上的个性化医疗大门：治疗和干预都是完全针对某一个人的遗传组成。这一方法能够，至少在理论上能够使医疗手段成功率更高且费用更少。目前遗传测试集中于早期诊断和干预，而不是具体精细化的个性化治疗。通过在发病前确定某种疾病的易感性，并实施早期诊断和预防手段的高质量筛查，此类信息就能够帮助病患和医生有效地实施卫生保健。例如，医生可以确定某人是否携带导致结肠癌患病风险的变体，进而要求那些处于平均或高于结肠癌遗传倾向概率的病患在早期做规律性的结肠镜检查。著名的例子就是一些通过DNA测试发现携带乳腺癌易感变体的妇女都选择实施了预防性乳房切除术（mastectomies）。[43]

人们通常害怕遗传检测，因为其可能被滥用，而且历史上也不乏此种遗传信息被用来拒绝或限制雇佣或保险赔偿的案例。[44]在1990年人类基因组计划（Human Genome Project）正式开始之时，其带头人预计此计划中很多迅速增长的衍生项目之一就是遗传测试。认识到了过去基于遗传测试产生歧视的严重性，他们组成了伦理、法律与社会问题研究委员会，将项目5%的资金用于委员会工作。该委员会倡导的反歧视措施之一就是立法保护。该委员会拟订了方案，该方案最终成为《遗传信息非歧视法案》（Genetic Information Nondiscrimination Act，GINA）。尽管参众两院广泛支持该法案，但是立法机关在 1995 年至 2008 年间始终未批准该法案，这部分是因为意识到该法案限制了其风险控制进而导致经济损失的相关医药公司和保险公司的反对。最后该立法在众议院于 2007 年 4 月以绝对多数赞成（414 ：1）而通过。历经参议院推迟审议的延迟后，该法案最终在差不多一年后以 95 票赞成，0 票反对而通过。小布什总统在 2008 年 5 月 21 日签署生效。[45]

《遗传信息非歧视法案》特别禁止了基于遗传信息的雇佣或疾病保险上的歧视。然而它并未排除其他形式的保险合同歧视，如人寿和伤残保险。许多人仍然由于害怕信息被用于歧视（尽管目前有法律保护）而不愿意进行遗传测试。一个与遗传测试有关的由来已久的担忧就是历史上和目前潜在的人种歧视。任何出于某人携带的遗传疾病与特定祖先谱系特别相关而遭到谴责或拒绝都一律构成人种歧视，即使该遗传疾病发生率和地理祖先谱系的可能相关性构成的间接歧视也不可以。而且正如我们将要看到的，健康不是唯一与潜在的间接的人种歧视有关的问题。在下一章里，我们将解释科学与人种交叉领域最具争议性的话题：在遗传学上，智力会因人种不同而不同吗?

第6章

人类多样性与智力

Human Diversity and Intelligence

1981年，史蒂芬·J. 古尔德（Stephen J. Gould）发表了极具传奇色彩生涯中最重要的著作之一,《人类的误测》(*The Mismeasure of Man*)。[1] 该书回顾了18世纪到20世纪的学者是如何试图通过语言和书面检测人的身体特征来量化智力的，比如对面部特征或脑容量大小等的测量。该书重新绘制了18世纪用来显示与大猩猩、黑猩猩类似的非洲人类的荒诞漫画：怪诞夸张的头部是整个外部形体最显著的部分，据说这样长相的人具有犯罪倾向，人为修改过的照片扭曲了人的面部特征被冠之以低能儿（feebleminded），而一位著名数学家细密的脑回路则暗示天才

的大脑在外形上就与巴布亚人（Papua）（18 世纪巴布亚原住民被认为是野人）较少脑回路的大脑泾渭分明。古尔德的书意欲明显，这些历史绘画作品是正儿八经地试图描绘身体上可以测量的特征，并将其作为可靠的智力优越或下等的标志。虽然这些绘画的幽默感对现在的我们来说完全是恶趣味，但它们佐证了古尔德的理论，即历史上“人”是如何被“误测”的。古尔德甚至选用看起来就具有性别歧视的词“男人”（英语中 man，既可以指人，也可以指男人——译者注）放在书名中，目的就是提醒我们 20 世纪中期以前的几乎所有此类的研究都是由男性开展的，其中大多数男性都认为女性的智商要低于男性。古尔德出版此书之时，他早已因在哈佛大学讲授演化生物学广受欢迎 [他被授予亚历山大·阿加西动物学教授（Alexander Agassiz Professor of Zoology）教职之后不久] 名噪一时。他因敢言和对化石记录充满争议的新颖解读而闻名。

然而，对大多数人来说他早已作为文笔流畅的科普作家和科普演说家为人所知。他的演化论畅销书常常有博人眼球的书名，如《熊猫的拇指》（*The Panda's Thumb*）、《母鸡的牙齿与马的脚趾》（*Hen's Teeth and Horse's Toes*）、《火烈鸟的微笑》（*The Flamingo's Smile*）以及《为雷龙喝彩》（*Bully for Brontosaurus*）。我就有两本《人类的误测》。其中一本是 1981 年精装第一版，另一本是 1996 年简装修订扩充本。[2] 简装本封面上写了一句醒目的话:“对钟形曲线(*The Bell Curve*)论断的终极驳斥。”

我们都是非洲人

这句话提到了1994年理查德·赫恩斯坦（Richard Herrnstein）和查尔斯·默里（Charles Murray）合著的畅销书《钟形曲线：美国社会中的智力与阶层结构》（*The Bell Curve: Intelligence and Class Structure*）。这是一本800多页的大部头著作，充满了看似充分的有关智力及其与广泛的社会经济、政治、教育和生物学因素有关的，自然少不了与人种有关的详细数据。[3]作为哈佛大学埃德加·皮尔斯心理学教授（Edgar Pierce Professor of Psychology at Harvard），赫恩斯坦工作的地方与古尔德工作的地方距离不远，但是两人在有关人种和智力课题上可谓针锋相对，距离千里。赫恩斯坦在《大西洋月刊》（*Atlantic Monthly*）发表了名为"智商"（*IQ*）的文章，讨论了人种和智力的问题，认为人种间的遗传差异部分地决定了人种间的平均智商差异。古尔德则公开反对这一观点。

认为智力差异主要是由遗传基础主导的观点也被称为生物决定论（*biological determinism*）或遗传决定论（*hereditarianism*）。从这个观点引出的概念就是，遗传组成大部分地决定了社会和经济地位。后者也被称为社会达尔文主义（*social Darwinism*）（这是一个错误的名称，达尔文从没发明过它，也没鼓吹过它）。古尔德将其定义为"一个在工业社会中存在的具体阶级分层理论，特别是认为遗传上低人一等的人构成了下层阶级，穷者恒穷，已经无可救药地沦为不可避免的命运。"[4]一些社会达尔文主义的支持者理所当然地认为白人至上和种族隔离是正常且不可避免的，是遗传秉性在智力上的自然结果。

赫恩斯坦文章中的人种遗传决定论引发的反应是猛烈的。神经心理学家克里斯托弗·查布利斯（Christopher Chabris）说道，赫恩斯坦的“讲座现场塞满了抗议的人，他在很多大学的演讲被取消，警察都到了现场维持秩序，或者在最后一秒宣布终止，而他本人则从后门仓皇逃出，钻进不显眼的汽车逃之夭夭。他不止一次地收到了死亡威胁。”[5]

赫恩斯坦和莫里在支持遗传决定论及其社会政治影响上并非孤家寡人，他们也绝不是标新立异，新辟战场。在他们的《钟形曲线》一书中，大量的材料都是来自加利福尼亚大学伯克利分校著名教育心理学家，著作等身的阿瑟·杨森（Athur Jensen）教授的著作；虽然杨森的著作大部分是 20 世纪五六十年代有关智力心理学的，不过 1969 年他在《哈佛教育评论》（*Harvard Educational Review*）上发表的一篇名为“如何最大限度地提升智商和学习成绩？”（*How Much Can We Boost IQ and Scholastic Achievement*？）的文章让他声名狼藉。[6] 这篇文章最具争议性的结论实际上就是遗传决定论的翻版，即遗传的秉性决定了智力差异的主要部分——包括人种间的差异——而且因为强烈的遗传秉性，所以用于解决此类差异的社会计划注定会失败。在 2005 年杨森与西安大略大学（University of Western Ontario）的心理学教授 J. 菲利普·拉什顿（J. Philip Rushton）（也是遗传决定论的坚定支持者）合写了一篇文章巧妙地总结了杨森 1969 年文章的主

我们都是非洲人

要观点：

> （a）智商测试衡量了社会上相关的一般能力；（b）智商的个体差异具有高度的遗传性，至少对美国和欧洲的白人如此；（c）补偿性的教育计划在提高个体或群体的智商或学习成绩方面已经被证明是无效的；（d）因为社会流动性与能力相关，所以智商的社会阶级差异具有相当显著的遗传根据；（e）初步的却最具争议性的结论是，白人与黑人的智商差别也许是有一些遗传根据的。[7]

古尔德公开批评这种遗传决定论的抬头之势，谴责《钟形曲线》的所谓“智商的遗传人种差异——少部分亚洲人优越于高加索人，但大部分高加索人优越于非洲后裔”。[8] 矛头也指向杨森，古尔德说：

> （《钟形曲线》中的）这一论证和人种研究一样都是老生常谈。余孽的讨论集中于阿瑟·杨森的诡辩之上（比《钟形曲线》上的任何论证都更为详尽、更变化多端，所以仍然是理解这一论证和其谬论性的更好的来源）……[9]

从《钟形曲线》上架开始，它就鼓吹并煽动20世纪末最具争议性的问题之一：人种差异产生的智商平均值差异是不是大部分归因于遗传而非环境？或者换句话说，就遗传组成而言一些人种在智力上是不是优越于其他人种呢？和杨森早期的研究一致，《钟形曲线》似乎扭扭捏捏的回答是，实则言之凿凿地回答是。

《钟形曲线》的出版激起的反应可以用雪崩来形容——有支持的、有批评的、还有的二者皆有——自然和社会科学家、哲学家、评论家以及记者也悉数登场。例如在支持赫恩斯坦和莫里的阵营中，《美国观察者》（*American Spectator*）杂志的克里斯托弗·卡德维尔（Christopher Caldwell）写到，“《钟形曲线》是对这一问题的全面解答，不黑不吹……在对《钟形曲线》恶意攻击的文章中没有任何一篇能够成功地反驳其科学依据。”[10] 与此相反，反对者阵营中，为《时代周刊·高等教育副刊》（*Times Higher Education*）撰稿的露西·哈吉斯（Lucy Hodges）特别强调了很多批评者都将《钟形曲线》看作是在鼓吹社会达尔文主义：

> 两位（赫恩斯坦和莫里）鼓吹取消那些带有鼓励消除差异的行为，因为在他们看来提拔不称职的黑人恶化了种族关系。他们还想废除对黑人学生的补习教育，因为他们说那毫无作用，应该把钱花在培养国家需要的尖子身上。他们试图改变移民法，阻止所谓不聪明的人进入美国，他们还想终结福利政策和其他政府给予的好处，因为他们认为这鼓励了低智商的妇女生育。[11]

最辛辣讽刺的批评则来自古尔德，他说：

> 《钟形曲线》是一本保守意识形态的宣言书，其糟糕透顶和带有偏见的数据让其最根本的目的昭然若揭——鼓吹白人至上。书的内容敲响了无聊但令人恐惧的鼓点，而摇旗呐喊者正是保守力量的一干人等——减少或者干脆取消福利，终结学校和职场里带有鼓励性的行为，中断“赢在起跑线”（Head Start）及其他形式的学前教育计划，斩断后进学生的帮助计划，把基金申请都用在聪明的学生身上（上帝啊，我是多么乐见有天赋的学生得到更多的关注，但绝不是以这样残酷的行为为代价的）。[12]

自《钟形曲线》面世之初，短短数月内就有很多批评文章见诸报端，《钟形曲线大辩论》（*The Bell Curve Debate*）和《钟形曲线之战》（*The Bell Curve Wars*）这两本包含论文集和历史文献的书很快编纂完毕并于次年出版。还有其他书籍也相继问世。针锋相对的观点和流言蜚语满天飞，促使特拉华州州立大学（University of Delaware）教育心理学家琳达·高特弗里德森（Linda Gottfredson）撰写了一整页的《华尔街时报》社论，题为“关于智力的主流科学”（*Mainstream Science on Intelligence*），其上联署签名的是她的52名专家同事（包括杨森和拉什顿本人），还有一些专家受邀但未签名。后来这篇社论附上了历史背景和参考文献，在刊物《智能》（*Intelligence*）上重印发表。[13]

美国心理学家最重要的科学协会——美国心理学会（APA）

的领导者们认为，这一论战如此广泛且谬种流传，以至于“急需有关这些问题的权威发布，其中各家观点都罗列出来可以作为讨论的基础”。[14] 美国心理学会科学事务委员会决定由艾默里大学的乌尔里克·内瑟尔（Ulric Neisser）担任主席，组织研究力量准备一份报告，该报告名为《智力：已知和未知》（*Intelligence: Knowns and Unknowns*）并于 2006 年发表在协会期刊《美国心理学家》（*American Psychologist*）上。[15] 该报告得到了心理学家的广泛认可，被看作是当时科学理解人类智力的权威性回顾。该报告的完全更新版名为《智力：新发现与理论发展》（*Intelligence: New Findings and Theoretical Developments*），由密歇根大学的理查德·尼斯比特（Richard Nisbett）主持的 7 人专家小组编写，于 2012 年同样在《美国心理学家》上发表。[16] 这两份报告是目前该领域最全面的研究总结。在《钟形曲线》一书中，与此研究相关的最具争议的是赫恩斯坦与莫里的结论，“即平均而言，美国主要族群的认知能力各有差异，且差异的比例一定归因于这些族群间的遗传差异。”[17] 这一论断支持的遗传决定论的所谓“主要族群”存在智力差异的观点，可以简化为以下几点：遗传决定论的大多数支持者都强调非洲裔美国人和欧洲裔美国人之间的平均智商差异是实际存在的。例如，在《钟形曲线》一书中，有一个问题形式的副标题:“黑人与白人之间到底有多大的差异？”然后，作者回应道：

对这一问题的一般回答是看公认指标的偏离度。在

> 讨论智商测试的时候，例如黑人指标一般是 85，而白人指标是 100，那么标准偏离度就是 15。[18]

直观地说就是，智商测试结果标准为 100 分，那么标准的偏离就是 15 分。所谓“黑人指标”（Black mean）85 分代表了大部分人严重的认知缺陷。赫恩斯坦和莫里小心翼翼地指出，他们用于得出这一推测的汇总研究有着显著的变化。即使如此，他们所作出的推断也和杨森在 25 年以前也就是 1969 年的文章所作出的推断如出一辙。而且近些年，有一些心理学家已经指出白人与黑人的差距在逐渐缩小，尽管也有人整理出不同的数据宣称差距一直没有改变。[19]

而对于亚洲裔美国人和欧洲裔美国人之间，赫恩斯坦和莫里注意到两者差距更小：“在我们的判断中证据的平衡支持了我们的论断，即总体而言东亚人群的指标是高于白人指标的。如果一定要用数字来表达的话，取得共识的（虽然是暂时性的，但仍然）是三个智商测试点的差异。”[20]

然而他们论证的关键在于，他们认为这些差距不能完全用环境因素解释，所以必定是部分地归因于族群间遗传上的差异，用他们自己的话说就是：

> 假设智商测试中所有被观测到的族群差异起源于某些神秘的环境差异，那么从现有的材料可知，社会经济因素是无力解释的。我们进一步规定一个标准偏离（15

个智商测试点）将美国黑人与白人区别开来，1/5个标准偏差（3个智商测试点）将东亚人和白人区别开来。最后我们假定智商的60%来自遗传（中间水平估测）。在给定上述参数的情况下，环境因素能对三个族群中观测到的智商测试差异造成多大的不同呢?

……如果黑人的环境因素平均值与白人环境因素平均数之比为6%，而东亚人的环境因素平均值与白人环境因素平均值之比为63%，那么人种差异一定完全是环境造成的。

如此广度和模式下的环境差异是无法令人信服的……有关种族主义影响解释族群差异的诉求同样也要求解释，对华裔和犹太裔一样充满歧视和种族主义的环境，为什么没有影响他们在智商测试时取得了高于全美平均值的高分。……个体智商差异的遗传性不一定意味着族群差异也是遗传性的。但是那些认为族群差异性已经通过环境差异得到解释的人，对自己的观点还不够坚定。[21]

在比较了遗传解释差异占主导的观点和环境解释差异占主导的观点后，他们得出了最后的结论:

看起来基因和环境都有高度的可能性对人种差异造成影响。那么如果二者混合呢?我们决然地怀疑这一设想；对我们来说环境因素的解释站不住脚。[22]

虽然赫恩斯坦和莫里的书里没有大胆地估算遗传变异能占到差异的百分比，但是拉什顿和杨森在2005年的文章中却这么做了。他们将争议设置成解释智商的平均人种差异的两种对立模型：文化唯一论（culture-only）模型，即遗传作用为0，而环境因素占百分之百的模型；遗传决定论模型，即50%的遗传因素，50%的环境因素。在他们文章的最后，他们完全反对文化唯一模型，并建议修正他们的遗传决定论模型为遗传因素占80%，环境因素占20%。[23] 他们还推测达尔文式的方法能够大部分地解释欧洲人、亚洲人和非洲人的智力及其他行为特征上的遗传差异：

> 演化选择压力在非洲人居住的萨瓦纳（Savana）炎热地区和欧洲人居住的北部寒冷地区是不同的，对甚至更冷的东亚北极区亦然。这些生态差异不仅受形态学的影响，还受行为的影响。一直以来都认为走出非洲的人向北迁徙得越远，他们越有可能碰到在诸如采集、储存食物、建造栖息处、缝制衣服、在漫长的冬天成功养育孩子等认知方面的挑战。在现今欧洲和东亚演化的人群，其生态压力使他们具有更大的脑容量、性成熟速度更慢以及更低水平的睾酮（与之相伴的是性活跃的降低、更少攻击性和更不易冲动）；增加了家庭稳定性、促进计划性、自我控制，以及对规则的顺从和长寿。[24]

诸如此类的推测对很多人而言都明显是种族主义，是对非洲裔美国人存在着偏见，因此招致了猛烈的攻击。科学期刊《美国心理学家》在 2005 年用了整个一期的篇幅讨论这个话题，名为《基因时代的遗传、人种和心理学》（*Genes, Race, and Psychology in the Genome Era*）。刊物《心理学、公共政策和法律》（*Psychology, Public Policy, and Law*）则邀请著名心理学家对拉什顿和杨森的文章做出回应，其中回应两极分化的严重。例如特拉华州州立大学教育心理学家琳达·高特弗里德森（Linda Gottfredson）就支持拉什顿和杨森的遗传决定论：

> 总之，拉什顿和杨森（2005）已经提出了一个令人信服的例证，他们的五五开遗传决定论假说，比文化唯一论假说更有道理。事实上证据一致且充分，真相更接近 70%～80%是遗传的，这是针对西方人种内成年人的遗传性而言的。证明文化唯一理论的例子相比之下显得太薄弱、太低级（degenerated），以至于现在证明责任落到了其支持者身上，他们需要确定和复制出一个实质的、显而易见的（一般智力的）黑人—白人标准差异的非遗传影响因素来。[25]

密歇根州立大学的理查德·尼斯比特则做出完全相反的结论：

> J. P. 拉什顿和 A.R. 杨森（2005）忽略了，或者说错

> 误地解读了大多数对黑人—白人智商差别遗传性问题的最具相关性的证据。公正客观地阅读这些与具有或多或少欧洲祖先谱系的黑人智商的数据、近年来黑人与白人智商的趋同、介入项目导致的黑人智商的可变性，以及对收养研究的有关证据，所有这些都不支持遗传决定论对黑人—白人智商差异的解读。相反，与这一问题最相关的证据都表明黑人—白人智商差距的遗传因素为零。[26]

耶鲁大学心理学教授罗伯特·J. 斯滕贝格（Robert J. Sternberg）（目前供职于康奈尔大学，曾担任美国心理学协会主席）不仅质疑拉什顿和杨森文章的科学性，而且谴责文章中所表达出的公共政策观点：

> J. P. 拉什顿和 A. R. 杨森（2005）假模假样地表达了他们从智商种族标准差异的遗传基础分析中得出的对公共政策的影响……这些影响没有一个在事实上与他们呈现出的数据相符。他们这样做的一个风险就是公共政策的制定也许既是意识形态驱动的（不是数据驱动的），也是基于意识形态而做出的（不是根据数据做出的）。[27]

与种族差异有关的遗传决定论争议的核心集中在三个主要问题上：（1）人种是如何定义以及如何按照完全不同的遗传整体而分类；（2）人类智商是如何测定的；（3）就遗传和环境因素而言，这些测量手段是如何被解读的。

第一个问题，“生物学和社会学基础的人种分类”，已在本书中详细讨论过了。争论集中在这一论断上，即人种分类从遗传上代表了泾渭分明的群组还是正好相反，人种分类至多是社会属性的而不是生物属性的。正如斯滕贝格所言：

> 人种如何才能符合我们上面讨论的遗传模式呢？……事实上它完全不符合。人种是一个建构在社会学上的概念，与生物学无关。它是人类分类欲望的产物。人类似乎天然就是分类爱好者：他们试图从自然世界中找到规律……当然了，任何系列的观察都能以多种方式分类。人们强加的分类和级别系统对他们自己有意义，在一些场合下只是对他们特定的、通常是非科学的目的有意义。[28]

将人划分成若干人种（通常基于自我确认）总体而言是过分简单化了，也混淆了祖先谱系的遗传复杂性，而祖先谱系则构成了人类多样性的现实基础。所以宣称人种间的智商差异大部分是遗传的，这在科学上从一开始就是漏洞百出的。

第二个问题，“智商的测量”，已经有大量的讨论，并产生了各种各样解释量化智商指标意义的假说。目前大多数心理学文献都集中在测量智商和与之相关的 g 值。这个 g 值被看作是一般智商的数据反映。[29] 一些人认为 g 值是一个真实的、可测量的有关人类特性的数据之一，而智商测试可将其可靠地量化出来，特别是当智商测试的组成部分侧重于智商中与 *g* 值最相关的特定方面时（这一过程被称为 *g* 装载）（*g-loading*）尤其如此。

通过该论题的若干评论可知，有三种智商测试的主流理论。第一，通常被称为 CHC 理论，是取了心理学教授雷蒙德·卡特尔（Raymond Cattell）、约翰·霍恩（John Horn）和约翰·卡罗尔（John Carroll）三人姓的首字母而得名，这个理论是若干相关理论的综合。它将 *g* 看作是衡量一般智商的值，并设置了 *g* 的亚值，*g-f*（f 代表 fluid ability，流动能力）和 *g-c*（c 代表 crystallized ability，具体化能力）。流动能力是指迅速思考和成功解决新情况、处理未知因素的能力。具体化能力包含储存与日常任务（如保持和回忆诸如单词的能力）有关的知识。现代智商测试和 *g* 值的测量大部分都依据 CHC 理论，测量 *g-f* 值和 *g-c* 值的各个方面成为测量智商研究的主体。

第二，加德纳（Gardner）的多元智能理论（theory of multiple intelligence）是另一种智商测试理论，因哈佛大学教授哈罗德·加德纳（Howard Gardner）而得名。他不认同作为智商的一般测试手段 *g* 值的有效性，另起炉灶提出了智商可以有多元的分类: 语言智能、数学智能、空间智能、音乐智能、肢体运动智能、人际智能以及自我认知（intrapersonal）智能。虽然加德纳的理论有其支持者，但大多数心理学家更倾向于简单化的 CHC 理论。

第三，三元智力理论（triarchic theory），由斯滕贝格在耶鲁大学当教授时发展而来。这种理论认为有三个广泛的智力分类:

创造性(creative)智力、分析性(analytical)智力和实用性(practical)智力。他认为这三个分类的每一个都是可测量的，且测量结果都可以“改善大学学术和非学术表现的预测，并减少族群差异”。而且他认为，这一理论对教育很重要，因为“在教学时将三元智能纳入其中，提高了与常规教学相关的学术表现”。[30]

斯滕贝格与他在耶鲁大学的同事伊莲娜·格里戈连科（Elena Grigorenko）、肯尼斯·基德（Kenneth Kidd）都确信，“到目前为止，智力还没有被很好地定义。虽然很多研究者研究作为智力的运作机制的‘IQ’或‘*g*’值，但是这些运作机制还远没有完成，甚至对那些认为这些机制有效的人来说也是如此。”[31]

批评者常常会因智商测试在文化上的偏见而质疑其有效性。某些认知能力也许在某些文化中比另一些能力具有更高的价值，而且即使智商测试在设计上较好地避免了文化上的偏见，但测试仍然有可能因为设计者自己的文化背景而产生好恶。

尼斯比特及其同事在 2012 年对目前人类智力的心理学研究现状的评论中做了如下总结：

> 智商的测试手段是心理学最伟大的成就之一，也是最具争议的手段之一。批评者抱怨说没有单一的测试能够涵盖人类智商的复杂性，所有测试手段都不是完美的，没有一个单一测试手段能够完全避免文化上的偏见，而且任何智商测试都有被误用的可能。这些批评不无道理。但是我们也可以反驳说，以智商测试为根本手段的测试

> 具有实用价值（utilitarian value），因为它是在道理上说得通的、良好的预测指标，能够在学校升学、职场表现以及生活许多方面的成功起到作用。[32]

然而，他们又立刻指出，“各种类型的智能而不是智商测试检测的分析类型当然实实在在地存在着”，而且“测量非分析性的智商也许能够显著提高智商测试的预测能力”。[33]

尽管智商测试不能全面反映人类智力的复杂性，且智商测试大部分仅用于学术和职场成功的预测，但是测试的分数仍然被广泛用于智力研究的大部分领域。不过因为分数不能完全反映人类智商，所以斯滕贝格告诫说，每每涉及智商，其用语尤其要注意：智商代表着认知能力的一部分，应该限定 IQ 的范围而不能反映全部的智商。[34]

现在我们来看看遗传决定论争议的第三个问题，也许是三个问题中最棘手的。第三个问题通常被称为“天生对后天养成”（nature versus nurture）论战，也许更准确的称呼应该是“智力的遗传性”（*heritability of intelligence*）。遗传性一词意味着人群中所有变化的比例都归因于遗传变化。例如身高的变化在成年人中很显著。这一变化部分是因为遗传（每个人遗传而来的影响生长发育的 DNA 变体组合），部分是因为环境变化（例如营养不良或疾病导致的儿童发育迟缓）。人口中的身高遗传性仅仅是一个数值，用来定义全部身高变化中有多少比例是归因于隐含的遗传变化的。这个数值常常被表达为 0 ~ 100% 之间的一个值。例如在特定人口中的身高 80% 的遗传性，表示 80% 的变化归因于遗传变化，20% 是非遗传变化也就是环境变化。

对于遗传和环境因素相互作用影响着大多数身体特征，包括人类智商（无论如何测试）这一点，科学家几乎没有异议。产生争议的是族群间的差异，例如，赫恩斯坦和莫里所说的“美国黑人和美国白人”间的 15 个点的平均智商差是否受到族群间与生俱来的遗传差异的影响。

遗传性看似简单，但却是生物学上最易被误解和被误用的概念之一。最被误解和误用的情况归结起来有三点：第一，遗传性是变化的测量手段而不是数量的测量手段。所以变化的测量无法得出特征的程度变化，而仅能得知归因于遗传变化的比例。第二，因为遗传性完全用于解决个体之间的变化问题，所以它无法应用于任何单一个体。而且它只能应用于受测的确定人群。第三，遗传性不是一个测量不同人群的固定值。遗传性因人群不同而有变化，甚至是同一人群中也有变化，这是因为环境也一直在变化。所以严格来说任何遗传性的测试手段仅能应用于测试确定发生时的确定人群。

在不同作者的不同表述中经常使用的一个类比描绘了遗传性在试图解释智商的族群差异时是如何被误用的。这个最常被引用的类比就是哈佛大学遗传学家理查德·勒沃汀在 1970 年的文章《人种与智力》（*Race and Intelligence*）中提出的，[35] 这篇文章是针对杨森 1969 年的文章《如何最大限度地提升智商和学习成绩》

所做出的批评性回应。勒沃汀让我们想象一下，从一个袋子里拿出两把遗传上有差异的玉米种子，两把种子的遗传多样性应该是相等的。我们在一个环境高度一致且土壤肥沃、含有玉米种子最优生长所需的所有矿物质（如百货商场或家装店里销售的家庭栽培所需的液体肥料所含有的营养物质）的土壤中培育其中一把种子。而另一把种子与第一把种子有着相同的生长环境，但不提供种子最优生长所需的养料，仅提供一半儿的氮肥（大部分植物需要的最主要养料）和一半儿的锌元素（植物需要的主要微量元素）。经过一段时间，第一把种子由于其遗传差异，种子间会呈现高度上的巨大差异。第二把种子也会出现同样的情况。但是因为营养供应的不同，第一把种子的平均高度比第二把种子的要高。在两种情况下，遗传性对两把种子都是百分之百发挥作用的，因为每把种子之间所有的变化都归因于遗传差异。但是两把种子间的生长环境平均差异却完全是环境因素导致的，因为两种环境下的作物遗传多样性是相同的。勒沃汀得出的观点就是组内的高度遗传性证据和组间差异是否与遗传性差异毫无关系。

接着他进一步延展了这个类比，让我们假设第二把种子因为疏于照顾，实验人员忘了给作物增添氮肥和锌元素。于是一个化学家检测两组间的差异并认为应该给第二组增添氮肥。实验重复进行，组间差异缩小，但是差异并未完全消失，因为化学家没有检测土壤中的锌元素。勒沃汀想说的是，确定一些环境因素并纠正它们，也许无法擦除组间差异，除非所有的环境因素都被确定并纠正过来。所以通过环境因素的介入而未能擦除组间差异，并不一定表明该差异是遗传导致的。

勒沃汀的类比用可视化的例子很好地说明了遗传性及其概念产生的根源。遗传性及其测量方法在作物和动物育种方面其有效性是最显著的。当遗传性很高时作物和动物育种能够通过人工选择迅速增强遗传特征，因为人工育种能够选择那些在遗传上具有育种人员最希望获得的遗传特征的个体。但是当遗传性较低时，人工育种的过程就会变缓且产量低下，因为环境差异盖过了遗传差异。所以现代作物和动物育种技术都瞄准使用能够将遗传性最大化的手段，通常是通过降低环境变化因素，例如将试验作物种植在尽可能一致的环境中，或者为每一棵试验作物提供同样比例的充足养料的手段。用于测量遗传性的作物和动物育种试验通常是高度可控的，使用了精细化的数据和设计，确保得出正确的结果。

而与此相对照的是，测量人类的遗传性却是众所周知的具有挑战性。由于明显的伦理学原因，研究者自然不能将受试人群置于与作物和动物实验一样的高度控制化的环境之中。而且即使他们能这样做，结果也几乎没有意义，毕竟真实世界中的遗传性受制于真实的环境，而非实验室的可控环境。正如尼斯比特及其同事在 2012 年的评论中所说：

> 遗传性这一概念在动物（和作物）育种中得来，其中基因类型的变化和环境都是可控的，正是在这样的可

> 控环境下这一概念才得以在现实世界中应用。然而，对于自由状态下的人类来说，可变性是不可控的，所以没有所谓“真正的”可估算的变化程度，而遗传性的任何特征的实际运用价值全部依赖于受试人群的先天遗传和环境的变化性。[36]

有关人类遗传性的最常见的估算都是根据出生后分开养育的同卵双胞胎所做。此处假设的前提是，同卵双胞胎在遗传上是完全一样的。所以任何两者间的差异都被看作是环境造成的（也就是说遗传性对于同卵双胞胎比值为0）。测量双胞胎之间有多少不同特征，因而提供了两者间纯粹环境影响的估值。将很多分开养育的同卵双胞胎的差异综合，研究人员能够得出一个在不考虑复杂的遗传变化影响下这些双胞胎各自生活环境的变化平均估值。然后，如果这些环境变化估值能够应用到那些遗传上不同、但生活在与双胞胎相似的环境下的人群，那么他们就能得出遗传上有差异的人群的遗传性估值。这一假设的关键就是，任何比双胞胎之间更大的变化都一定是遗传性的。在一些情况下，同卵双胞胎和异卵双胞胎相比，他们的相似之处无非就是他们同时在母体里待了十个月且同一天出生而已，除此而外，异卵双胞胎的遗传差异和同父同母的兄弟姐妹的遗传差异一样巨大。换句话说，研究人员可以对比生长在相似环境下但遗传相似性有程度差异的亲属间的变化——例如同父同母的兄弟姐妹、同父异母或同母异父的兄弟姐妹以及堂表兄弟姐妹——用来作为数据上估算遗传性的方法。

对于这样的遗传性估算，赫恩斯坦和莫里总结道：

> 智商的遗传构成不可能小于40%或高于80%。根据分开抚养的同卵双胞胎得出的最明确的直接估算产生了一些遗传性的最高估值。为了讨论（族群间差异）的目的，我们选取了一个中间估值，即60%的遗传性，也就是说智商有40%是环境决定的。[37]

《钟形曲线》的批评者恰当地指出这一“中间值60%的遗传估算”的一般化其实是极不精确的概念误用。尼斯比特及其同事在2012年对目前研究的评论中说：“很明显，智商测试的遗传性在不同种族间或在不同社会经济阶层中都是不一致的，”[38]这就强化了一个由来已久的警告，即遗传性从一个人群到另一个人群是不能一般化的。

更重要的是，依赖从同卵双胞胎测量的环境变化而做出的遗传性估值也受到了批评，因为即使双胞胎分开抚养，环境相似性也会和双胞胎的遗传一致性相混淆。例如典型的成长在更为富裕家庭的被收养儿童，家庭环境更趋于一致，对于全部环境变化则较少代表性，那么根据双胞胎研究得出的结果就会有过度估算遗传性的可能。

而且，分享同一母体子宫环境（同卵双胞胎还是异卵双胞胎也好，对于不是双胞胎的受试人群而言不具有代表性）对遗传性估算也会有令人困惑的影响，就算是同卵和异卵双胞胎做比较时也是如此。同卵双胞胎典型的有同一个胎盘，而异卵双胞胎则有不同的胎盘，这样就具有了不同的子宫环境。子宫环境与其后的智商测试尤为相关，特别是如果产前照顾不周或者待产母亲酗酒、吸烟或吸毒，对孩子的智商测试结果也会有影响，因为这些因素能够永久性地影响胎儿大脑发育，在双胞胎的情况下此类因素也许会或也许不会对双胞胎产生类似的影响，这都会导致对大脑不同程度的遗传影响的误读。

研究人类非双胞胎的遗传性测量碰到了相似的障碍。其中最严重的障碍就是无法直接估算遗传变化。在历史上研究人员已经通过受试的相关程度估算遗传变化，例如比较同卵双胞胎、同父同母兄弟姐妹（包含异卵双胞胎）、同父异母或异父同母兄弟姐妹以及堂表兄弟姐妹与非亲属关系的人群。然而，这样的间接遗传变化测量问题颇多。例如同父同母兄弟姐妹间的遗传变化程度是不能一般化的，因为程度取决于他们祖先谱系在遗传上的差异。比如赫恩斯坦和莫里常说的，“同父同母的兄弟姐妹共有大约 50% 的基因。”[39] 这样的说法代表了一种对人类遗传严重简单化的理解。事实上，同父同母的兄弟姐妹共有大约 50% 的来自双亲均为杂合子的变体，以及 100% 来自双亲均为纯合子的变体。个体双亲的祖先谱系越是多样，双亲杂合子性的程度越高，其子女遗传变体的程度也就越高。所以同父同母兄弟姐妹的遗传变体有着显著的差异；同父同母兄弟姐妹，其双亲如果具有相似的祖先谱系，那么他们在遗传上就会比具有不同祖先谱系双亲生育的兄弟姐妹更相似。对同父异母或异父同母的兄弟姐妹、堂表兄弟姐妹以及其他遗传上有关联的人群也是如此。家庭间遗传多样性的程度差异导致了生物学上同父同母兄弟姐妹或其他亲属间的不同遗传性，这进一步反驳了人类的遗传性是可以一般化的这样的认知。

很多进行人类遗传性研究的科学家都承认，他们很清晰地意识到了上述以及其他研究的限制。科学家经常使用复杂和精细的科学和数据方法以便得出尽可能可靠的遗传性估值（尽管在人类遗传性计算上存在着很多错误）。大多数该领域的科学家都是经过严格训练的研究者，能够恰如其分地将科学方法应用到其工作中去。然而不幸的是，并不是每一个科学家都专心如斯；智商遗传性的过分简单化和一般化常常导致那些鼓吹遗传模型的人得出毫无事实根据的结论，也就是说，结论更多地是来自政治意识形态而不是科学证据。

已经发表的有关智商及其遗传和环境变化相互作用的研究常常表达相反的结论。例如赫恩斯坦和莫里坚持认为，通过他们评估研究可知，社会经济地位和相同的环境（事实上，在同样的家庭环境中成长起来的孩子受到很多相同的环境影响）对智商遗传性几乎没有任何影响。拉什顿和杨森也得出了相似的结论。而与此相反的是，其他研究者提供证据证明社会经济地位和相同的环境对智商遗传性具有显著影响。后者的研究（虽然并不总是）描绘了遗传性和社会经济地位的正相关性，特别是当相同的环境被考虑进去时更是如此。遗传性在父母双方都受过良好教育的家庭或具有较高社会经济地位的家庭里最高，而在赤贫的家庭中或父母双方没有受过教育的家庭中遗传性最低。[40]然而，还有的研究得出相反的结论：与更富裕的家庭相比，遗传性在社会经济地位较低的家庭中是最高的。[41]

在很多类似的相互矛盾的研究中，公说公有理，婆说婆有理。但事实上智商遗传性的研究显示出大相径庭的结果也不会让人惊讶。因为这些试验往往由不同的受试人群（这些人的遗传相关性程度都不同）在不同的地方参与，这些受试人群也有着不同的年龄和不同的教育背景。他们是人类遗传估算可塑性的绝佳例子。通过集中于筛选的研究亚组，某种流行观点的支持者就可以聚拢看似充足的证据支持他们更青睐的模型，而实际上真实的情况高度复杂、善变且无确定结果。

最可靠的数据汇编是那些数十年来海量测试人群中确定了的主要趋势。一个趋势被称为**弗林效应**（*Flynn effect*，指智商测试的结果逐年增加的现象——译者注），因新西兰奥塔古大学的心理学家詹姆斯·R. 弗林（James R. Flynn）得名。弗林本人这样描述："'弗林效应'已经和20世纪代际间智商的大规模增长，这一令人兴奋的发展相联系。"[42]

这种增长实际上在每一个进行过智商测试的国家中都很明显，到 2012 年有 30 个这样的国家，长期以来一直在开展智商测试并由此发现了这个趋势。[43] 在 20 世纪初已经完成了现代化的国家中，智力以平均每 10 年接近 3 个百分点的速度增长。[44] 欠发达国家也几乎都有增长。[45] 然而这些增长看似在高度发达的国家如瑞典已经达到峰值。尼斯比特和同事（其中一人就是弗林）在 2012 年发表的评论说道："如果瑞典代表着在现代国家我们所能看到的增长渐近线（asymptote），那么发展中和发达国家间的智商差距可能在 21 世纪末缩小，这就证伪了一些国家智商低下无法完成工业化的假说。"[46]

正如心理学家和遗传学家所指出的那样，遗传在很短的一段时间内的改变还不足以解释"弗林效应"，所以环境的改变一定是主要原因。一系列的环境因素被提出来，例如营养和教育的改善。令人瞩目的是智力的增长在国家间是不相同的，但是大多数情况下，在历史上那些智商测试结果最低的人群中增长最快，智商的分数也随着经济和教育地位的改善而显著地增长。尼斯比特和同事说："看起来智商增长的终极原因很可能就是工业革命，其催生了对不断增长的智识能力，这一现代社会所产生的能力的需求。"[47] 作为共同作者之一的弗林赞同这一观点，但同时他还提出了一个更为具体、与工业革命和教育改变相一致的解释。他注意到在受试地区智商的提高不是平均分布的，智商测试分数在逻辑分析和图形识别方面增长最多，而在基本算术方面增长最少。

20 世纪后半叶的教育已经更加强调逻辑和抽象推理能力，这也反映在智商测试的相应部分，而受试国家也具有了最大的增长。[48]

也许支持遗传决定理论，尤其是种族遗传决定论最严重的缺陷就是这一事实，即几乎所有智商遗传变化的测量手段都是间接的。根本而言，遗传变化一直以来就是无心之作，全靠推测，也就是说只要无法被环境因素所解释的任何变化都归结为遗传。人类遗传学近年最大的进步就是能够直接通过追踪 DNA 变体来测量遗传变化。在之前的章节里，我们已经看到直接检测 DNA 变体是如何解释遗传变化的。这些遗传变化控制着肤色、头发和眼睛的颜色、控制着遗传疾病以及很多传染和非传染疾病的易感性。

人类任何特征的深层遗传变化影响的最终确定就是对 DNA 中导致变化的变体的确定。20 世纪 90 年代末，一些心理学家表达了确定控制智商变化的基因和变体的希望。[49] 然而尽管做了大量研究，但是确定这样的基因和变体已经被证明是徒劳无功。伦敦国王学院的罗伯特·普洛曼（Rober Plomin）已经开展了一系列最为瞩目的智商变化研究，特别是在英国的大样本和长期的双胞胎研究。在 2013 年的一篇文章中，普洛曼哀伤地说，20 世纪 90 年代末有关基因确定的推测“过于乐观了”。[50] 他还提到了**遗传性阙如**（*missing heritability*）的问题，也就是 DNA 分析时无法确认遗传性估算的问题：

> 如果真的可以确定所有与遗传性有关的基因，那么遗传设计如双胞胎方法就不再需要了。然而确定复杂特

征基因的困难，包括 g 值的困难超出了想象，所以导致了遗传性阙如。[51]

在 21 世纪的第一个 10 年间，一些基因和变体被发现并确定与智商的变化有关。然而，在 2011 年一个由 16 位科学家组成的代表美国和欧洲不同机构的研究小组发表了一份大样本研究，试图确定基因和变体与智商变化的关联。他们这篇文章的题目是一句话，颇能说明他们的结论："广泛报道的一般智商与遗传的关联性也许是错误的结论。"[52]

所以目前为止没有任何一个基因中的任何一个变体能够确定无疑地与智商或 g 值的变化有关。然而在检测多重变体的集合时，从数据上可测的智商和 g 值与基因或变体的相关性是可以确定的。但是每个变体似乎对智商和 g 值的变化发挥了极少的作用。只有当检测很多群体的很多变体时遗传对智商和 g 值变化的影响才能被侦测到。

虽然 DNA 变体及其与智商和 g 值关系的大样本研究才刚刚开始且数量不多，但是两点共识已经出现：第一，智商和 g 值的变化在某种程度上是遗传的，其在受试人群中的遗传性估值也是有差异的。[53] 在这种情形下，基于 DNA 研究的遗传变化直接估值就和之前基于间接估值的研究（同样产生变化的遗传性估值）相一致了。第二，没有单一的基因或变体对智商或 g 值变化起到主要作用。相反，很多 DNA 变体其中每一个都有一点儿作用，它们一起影响着智商和 g 值的变化。而显著和持续改变的环境变化又进一步增加了复杂性。

上面所说的智商变化也许在某种程度上是遗传性的，这一点毋庸置疑，甚至是遗传决定论最坚定的反对者也承认这一点。比如古尔德在其《人类的误测》一书中这样写道：

> 遗传决定论的谬误不是简简单单的认为智商在某种程度上具有“遗传性”。我对遗传性这一点毫不怀疑，虽然遗传的程度在坚定的遗传决定论者那里被很明显地夸大了。很难找到完全与遗传性没有关系的人类生理或解剖表现。[54]

相反，所谓的人种或族群间的智商平均差异是不是归因于这些族群间的遗传差异这才是最主要、最引起争议的问题。DNA 研究到目前为止还未提供丝毫的确定答案。大多数 DNA 研究的受试人群都来自欧洲祖先谱系占多数的人群（大多数都是来自英国、澳大利亚、荷兰以及美国）。[55] 无法确定任何发挥主要作用的变体使得将上述研究的成果扩展到祖先谱系更为多样的人群中去困难重重。

大量的人类遗传变化都含有远古非洲人的遗传变化。这一推论，即影响人类智商的遗传变体数量巨大、每一个仅发挥极小的作用进一步表明，大多数的变体已经散播到全人类中，而不是集中在有着特定祖先谱系背景的人群中。智商和 g 值的 DNA 研究必须囊括高度多样性祖先谱系的人群这一事实意味着，目前没有直接的 DNA 证据支持以下的主张，即所谓的族群间的平均差异是有遗传学基础的。而且目前已知的远古非洲变体占人类遗传多样性的主要部分，在这样的情况下，所谓族群间的平均差异具有遗传学基础的证据几乎不可能找得到。与此同时却有充足的证据证明大量的非遗传因素影响着智商和 g 值的变化。尤其是“弗林效应”进一步提供了确凿的历史证据证明，在经济和教育程度整体改善的情况下智商的大幅提高是有可能的。

目前，科学证据无法支持遗传决定论反对把公共资金用于有利于弱势群体教育和项目上的看法。有充分的证据证明在教育上对弱势群体投资能够有和受过良好教育群体一样的经济效益产出。而且毫无疑问，教育和经济机会的悬殊已经导致了少数族裔成为弱势群体——在美国，特别是在非洲裔、西班牙裔和原住民中尤其如此——这种情况已经人所共知，甚至是遗传决定论的坚定支持者也承认这一事实。[56]

然而，就在我写作本书时，公共教育的投资减少在某一时间已经启动，波及范围从学龄前教育到高等教育不等。美国的“赢在起跑线”这一长期帮助弱势学龄前儿童的项目于 2013 年遭受了有史以来最严重的财政缩减，剥夺了数千名赤贫儿童的早期受教育权利。

公立学校的学生也遭遇类似的情况，师资、教育设施、服务以及教育项目的预算减少，比比皆是。公立大学和学院尤其是在困境中的学校为了争取增加少得可怜的公共预算经费而苦苦挣扎。作为一名公开招生的公立大学的教授和行政管理人员，我的任务就是服务多样性的学生群体，但是我已经直接预感到这样的预算裁撤将如何严重地影响到学生的成功。

这些资金的缩减当然不能全部算到遗传决定论意识形态宣传的头上，但是当面对互相竞争的要求而预算有限时，政客和官员的选择将是困难的。而且无论原因是什么，教育投入减少的影响是一样的。如今，教育不平等大部分都归因于历史上种族主义的遗毒。家庭的富足与否、社区状况如何以及父母双亲的教育背景都是影响受教育机会和成就的主要因素。教育不平等的历史就是种族隔离的历史，而且只要社会上以人种划线还在继续，这种歧视就会不可避免的持续下去，即使歧视已经成为过往。最近由于预算原因，教育不平等的扩大有回头的趋势，这不同程度地影响了弱势群体，进一步加剧了学生表现的鸿沟，而之前这些鸿沟已经开始缩小了，这不得不让人感到悲伤。

Chapter 7 第 7 章

洞察人种

The Perception of Race

不久以前，我有幸与我的生物人类学家同事前往秘鲁北部旅行。我们的目的地是兰巴耶克市，在其附近的一处考古遗迹发现了一位800年前生活在此的贵族妇女的残骸。她被埋葬在很深的墓葬之中，其墓葬精雕细琢，与旁边的巨型夯土金字塔紧挨着。该妇女的身体由布单包裹，其上缝有黄铜圆形装饰。她胸部佩戴着多层低胸项链：其上有铜制饰品、镂空贝壳片，还坠着数千颗用贝壳精心打磨串联而成的五彩珠子。她的胳膊还戴着金手镯，一只手里握着金权杖。黄铜面具遮盖着她的脸，头戴皇冠。虽然她的耳朵早已腐朽，但很明显她的耳垂被测量和拉伸过，用

于塞上精巧工具制成的金耳轴。

时间让柔软的身躯和组织消失殆尽，残骸只有她的牙齿、碎骨头以及用贝壳和金属制成的装饰物。在她颅骨的前额部分能看到少许的亮红色，那是朱砂，一种带有毒性的红色汞化合物。在她下葬前脸上涂满了朱砂。陪葬的有 6 副骨架：都是在葬礼上自杀的随从，为的是在来生也追随她。她的名字已经无从考证。今天，她以乔南卡帕女祭司（英语 *Priestess of Chornancap*；西语 *Sacerdotisa de Chornancap*）而广为人知。

当我们抵达挖掘现场时，她身上覆盖着的装饰物被费力地取下并归类，她的碎骨被暴露出来（图 7.1）。我很荣幸地用法医学雕塑方法，根据她的颅骨碎片重塑了她的面部特征。在一个学生的协助下，我精确地复制了每个碎片的三维立体模型。回到美国的工作室后，我将复制的片段组合起来，并用黏土填充缺失的部分，重建了整个颅骨。我将假眼球放入眼窝，然后使用彩色的黏土塑造肌肉、肌腱、韧带、腺体组织、脂肪和皮肤。随后我们重返秘鲁与收藏她残骸的秘鲁博物馆的同事完成最后的重建工作。我们为她戴上假发，这是由真人头发制成的带有刘海和辫子的假发，就和她生活的那个年代陶罐上雕刻的妇女一样。我们给她戴上贝壳打磨的低胸珠子项链和她的金耳轴（图 7.2）。整个过程可以通过链接 https://www.youtube.com/watch?v=KxFBRFXxlmQ 观看。

当我戴着手套捧着她的颅骨碎片时，我在想着与她同时代

图 7.1 大约 800 年前执掌现今秘鲁北部沿海地区的杰出女性的颅骨碎片。照片作者：哈根 · 克劳斯（Haagen Klaus）授权使用

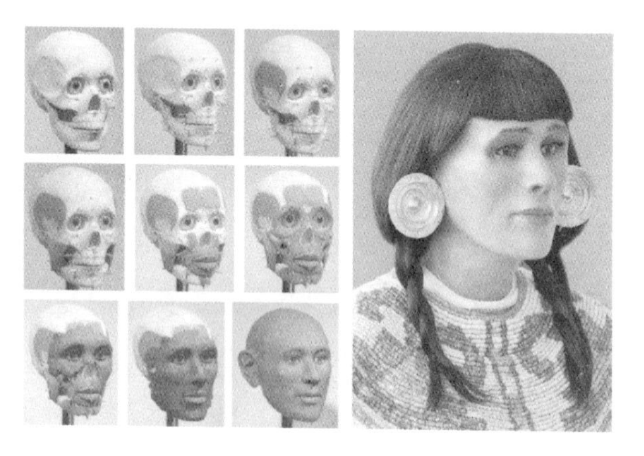

图7.2 乔南卡帕女祭司法医学面部重建，于秘鲁兰巴耶克市汉斯·布吕南国家考古博物馆（Hans Brüning National Archaeological Museum in Lambayeque, Peru）。照片作者：丹尼尔 · J. 费尔班克，哈根 · 克劳斯，授权使用

的我的亲人。我们共有的祖先距今非常遥远，要追溯到至少 3 万年以前，可能生活在中西亚靠近高加索山脉的人群。我们远古的祖先很久以前在此地分离，她的祖先向东迁徙，而我的祖先则向西。她的祖先谱系花了数百代穿越亚洲大陆来到了古代的白令海峡——连接着现今俄罗斯北部和阿拉斯加——然后跨过白令海峡，来到了北美洲。这一支人群的后代继续向南迁徙穿过整个北美大陆，其中一些人住在离我开车不到一天车程的地方。最后她的仍然遥远的祖先到达了南美洲西海岸，就在赤道的南边。数代以后她出生了，成长为被她的人民所拥戴的杰出统治者。再看看我的远古祖先，他们迁徙到了欧洲，接着在那里生活了数千年。当她还活着的时候，我所有的祖先都在北欧，其中很多人在英格兰，时值《英国大宪章》写就和签署的时候。这些人完全没有意识到，遥远如她生活的地方还有一个大陆。8 个世纪以后，我来到秘鲁，手持她的骨骸，让她的形象得以复原——她是我的远方表亲，失散了上百年，相距上千代。

将古代残骸、西班牙人征服南美的历史记述以及该地区现代居民的原住民语言的科学证据串联在一起，我们现在知道许多关于她的人民及其生活的南美地区文明的知识。大量的证据向我们展现了令人着迷的当地历史，其上生活的人们迁进迁出，依靠农业和大海繁荣发展，与其他文明通过商品交换互惠互利；同时也遭受疾病和极端天气的侵扰，数千年间战争频仍，征服和被征服常常发生。对于生活在其他地域的人群来说，根据充分的历史证据可知，同样的情况也会发生。

今天，我们除了用其他手段获取丰富的证据重建人类历史外又多了一项DNA分析技术。虽然在一些情况下，从远古人群的尸骨残骸得到的DNA已经有足够证据获知他们的遗传组成，但大多数的DNA信息来自很久以前人群的现代后代。而且从作物和驯养动物物种中得到的DNA以及生物地缘信息可以揭示出这些物种是如何散播到全世界的，这就进一步为远古人类历史、迁徙和定居提供了额外的证据。我们现在所处的时刻可以将地球气候历史信息、考古学、人类学、古生物学、作物与动物驯养的信息、语言学以及DNA的大样本分析综合起来确定人类如何在世界上繁衍生息并重建人类远古迁徙的复杂状况。这一历史揭示了当今全世界人类的祖先是如何从狩猎—采集转变为农耕人群；文明形态是如何此消彼长；一些文明是如何征服另一些文明、占领大片的领土；诸如气候变化和传染疾病这样的因素是如何消灭某一个人群，而另一些幸免于难的；以及人类是如何（自愿或不自愿地）穿越大洲最终形成了至今人类历史上最大、最广布、最具移动性、最多样以及在遗传上最复杂的人群。

由于实验室方法的发展，最近此类信息的大量记述已经变得唾手可得，这就使得遗传学家同时能够检视成百上千个DNA变体，从他们重建的历史中得到巨量数据。作为一名遗传学家，从20世纪80年代开始我就利用这些方法工作，见证了这一令人赞叹的过程。

虽然分析这些数据群的方法颇为复杂，但是其基本的前提却简洁明了：所有 DNA 变体都来源于可能发生在任何时间、任何地点上的任何一个人身上的变异。当一个变体出现，它一定来源于其周边变体的特定遗传基础之上，通过将来自特定地区原住民身上的这一变体与其附近变体的遗传背景做比较，可以帮助我们近似地确定这一特定变体在何时何地出现。

目前世界范围内，最领先和最全面的 DNA 变体研究成果是由牛津大学的西蒙·麦尔斯（Simon Myers）领衔的遗传学家和统计学家小组于 2014 年 2 月发布的。该专家小组检视了采样自世界范围内 95% 的人群的 1490 名受试的 474491 个变体。他们分析并确定了哪类人群将哪些具体的变体遗传到哪类人群上，并大致确定了在世界范围内这些遗传是何时发生的。如果一个人群对另一个人群遗传了变体，那么接受遗传的人群的后代在遗传上就是混合了的（*admixed*），所以他们的研究题目定为："人类遗传混合历史的基因图谱"（A Genetic Atlas of Human Admixture History）[1]。

考古学和 DNA 历史都表明，人类历史的大部分时间里人口规模都是相对较小的，迁徙的过程往往需要数百甚至上千年，其间经历数百代。数万年以前，人口数量缓慢的增长，并逐渐扩展到以前人迹罕至的地方。他们使用的武器相当粗糙，大部分时间都靠双脚行走，而且生活资料主要来自狩猎和采集。群团冲突通常是小规模且波及的范围很小，没有现代人类历史上大规模的战争和大范围领土的占领。当新的 DNA 变体出现时，它们在本地人群中积累很多代的时间。虽然更古老的 DNA 变体历时数万年时间在数百代人中传递，但是新的 DNA 变体更有可能留在它们出现的地方，在可确定的遗传背景下与其他的变体一样日积月累下来。它们散播花费的时间也历经了无数代人。这些新的变体就是我们之前讨论过的祖先谱系信息标记物变体，每一个信息标记物变体都指向其发源的具体区域。虽然大多数人类的遗传变体是远古非洲人的，且散播到全人类身上，但是通过聚焦这些更近期的祖先谱系信息标记物变体，科学家可以大致上解码主要的人类迁徙是在何时何地发生的。

根据这些 DNA 研究以及与其相一致的历史记载可知，这些相对近期的变体的本地分布大约在 4000 年以前开始改变。当世界人口数量增长、先进文明出现、远距离交通工具的发明，经贸交易增长到跨大洲的程度，以及大规模的战争和跨地域的占领出现时，人类的迁徙性极大地增加了。之前仅仅在本地人身上出现的更新的变体开始通过主要的迁徙活动传播开来，一些变体散播到距离其发源地非常远的地方。当人群迁徙进入一个遥远的地方并与当地人交合，或者将当地人带到他们的所属地，那么 DNA 变体就开始在他们的后代身上混合，最终散播到世界不同地方的人群中去了。

“人类遗传混合历史的基因图谱”连同若干早期集中在特定地理位置的研究一起已经发现了在过去的 4000 年中，上百个上述遗传散播事件的强有力的证据，影响了世界人口的绝大多数。一个最为显著的事件就是撒哈拉以南非洲的班图族（Bantu）的扩张。农耕为主的班图族携带着混合变体迁徙至非洲次大陆地区，与当地的高度多样性的原住人群混合。另一个事件是成吉思汗领导下的蒙古国的扩张。在蒙古帝国达到巅峰的 13 世纪，其从亚洲的东岸扩张至现今的土耳其西部。今天，蒙古入侵者身上的 DNA 变体仍然与上述地区原发的变体以及远古非洲变体混合着。从公元 7 世纪到 9 世纪的阿拉伯奴隶交易将欧洲和非洲奴隶带到中东。而变体的传播有两条途径：生活在欧洲和非洲的奴隶主的后代在中东定居以及被带到中东的奴隶的后代，他们最终融入了当地的人群。这样的结果就是大多数中东人都携带着非洲变体。阿拉伯人占领北非是穆罕默德于公元 632 年去世后不久开始的。穆斯林军队是由大多数来自阿拉伯半岛的人组成，但是也包含皈依伊斯兰教的来自遥远的罗马人和希腊人。穆斯林军队征服了希腊，最终将变体散播到尼罗河以西的地方以及地中海西岸。[2] 北非全境人群的遗传组成带有强烈的征服标记。希腊亚历山大大帝在公元前 4 世纪横征四方，其版图南到埃及，东到现今的巴基斯坦。罗马帝国公元前 2 世纪在其最强盛时几乎扩展到欧洲全境并深入东亚和北非，其结果就是罗马侵略者身上的变体也随之传播到各地。首都位于君士坦丁堡（现今的伊斯坦布尔）的奥斯曼帝国占领了曾经是罗马帝国的大部分地区，在 17 世纪时达到了其统治的巅峰。最后的事件即欧洲殖民主义和大西洋奴隶贸易，也是现代最为显著的遗传散播事件，将欧洲变体和走出非洲的移民变体散播到世界上遥远的地方。世界上绝大多数人口都带有能够追溯到诸如上述的主要迁徙事件中的混合变体。

还有一些迁徙事件在DNA证据中明显地表现出来，但并不与任何已知的历史事件同时发生，它们存在的证据包含在最近才发现的DNA证据之中。你可以通过显示世界范围内DNA散播模式的易用互动地图获得这些信息，网址为：http://admixturemap.paintmychromosomes.com[3]。

每一个主要的历史性迁徙都让遗传变体重新洗牌，重塑世界范围内各大陆间及跨大洲的人群遗传结构。每一个祖先谱系信息标记物变体都最为普遍地、典型的存在于其原发地，但是许多这样的变体也会散播到其他地方，在更为广泛的地域中的人群中找到。

历史上还有大量的证据表明，主要的迁徙是族群征服造成的。在多数情况下，迁入新地区的人常常是入侵的军事力量或殖民者，他们自视在遗传上高于被征服地区的人群，声称他们具有天然的统治权力。经过一段时间，文明消长，代际更常，入侵者或迁徙者的DNA变体与当地人的变体混合起来，结果就是两者的变体混合，代代持续，一直存续到现今还在世的后代身上。

欧洲殖民主义和大西洋奴隶贸易在17到18世纪间达到了顶峰，其中出现了人类有史以来最为强烈的遗传散播事件。阅读此书的很多人的遗传特性都至少能够追溯到选择或者被迫离开故乡，前往遥远的地方的定居人群。我就属于此列。我所有的祖先谱系都可以追溯到曾经离开英伦列岛、斯堪的纳维亚半岛以及欧洲大陆北部沿海地区最终抵达北美地区的人群。

对很多人而言，不存在生物学上距离较远的人种关系这一说法似乎违反常识。例如，在美国自我认定为白种人、黑种人、亚洲人、美洲原住民、太平洋岛国人或任何其他种族的人的情况很常见，而且通过遗传信息标记物变体测试也确认了自认的类别，至少部分如此。难道这不是表明人种分野如欧洲人、亚洲人、非洲人和美洲原住民这样的大洲分野也许或多或少是存在的吗？事实上，我们将要看到为什么这种分野的人种分类更多的是迁徙历史造成的，而不是真正生物学界限的结果。

要了解发生原因，我们需要探访因现代种族主义历史而闻名的三个地方——南非、澳大利亚和美国——然后梳理现居三地的人群从史前时期到现今的历史。让我们从南非开始。

率先在非洲最南端定居的现代人类是桑人（San）和科伊科伊人（Khoikhoi），有时被统称为科伊桑人（Khoisan，Khoi 和 San 组合而成）。通过 DNA 分析可知，科伊桑人的远古祖先是从 14 万年以前的人类祖先分化而出。[4] 在非洲最南端发现的最古老的考古遗骸大约是 4.4 万年前，也许属于远古桑人的祖先（科伊科伊人抵达该地的时间较为晚近）。科伊桑人的母语包含了一组非洲搭嘴音语（click language），这种声音是利用吸气，通过闭合的嘴唇而发出的。搭嘴音通常被写作“！”，例如非洲卡拉哈利地区的孔族人（！ Kung people）就说孔族语（！ Kung language）。

首批来到非洲南端的欧洲人是葡萄牙人，其舰队于 1488 年到达了靠近现今非洲最南端的好望角。这次航行打开了最后演变成从欧洲至印度绕过好望角的最主要的海上贸易路线的大门。随着这条贸易路线的重要性在一个半世纪的时间里逐渐增加，总部位于阿姆斯特丹的荷兰东印度公司后来主导了这条航线。该公司于 1652 年在好望角设立了一小队荷兰人建立的船只补给站。这些荷兰人中有一些深入好望角周边的陆地并建立了农庄，以便为来往的船只提供食物和其他补给。时间一长，定居人数逐渐增长最后变成了开普敦，而荷兰农庄也就围绕着开普敦建立起来。最终德国人、斯堪的纳维亚人和法国胡格诺教派移民都加入了垦荒，建造了北欧人的殖民地。

欧洲殖民者遭遇的第一批当地原住民就是科伊科伊人，欧洲人将其贬称为霍屯督人（Hottentots），而桑人则被称为布须曼人（Bushmen）（该称呼现在具有贬义和冒犯的意味）。欧洲殖民者和科伊桑人分属两个地理极端，殖民者在欧洲北部，科伊桑人在非洲南部。两个族群具有相同的祖先，也就是 14 万年以前生活在非洲的同一支远古人群，显然这两个族群都没有意识到这一点。

虽然有着数千代的分离和不同的文化，但是欧洲移民和科伊桑人在遗传上却没有什么不同，共有能够追溯到他们共同祖先的许多变体。例如，一些欧洲人是 A 型血，而另一些欧洲人是 O 型血，科伊桑人也同样是这样，而且 O 型血在两个族群中都是最常见的。[5] 两个族群的大多数变体也都是远古非洲人的，也是相同的。然而，自从祖先分离，更新的遗传变体开始彼此独立地积累，在这些变体中就有导致肤色、头发和眼睛颜色不同、发质、面部特征以及身材不同的变体。例如，荷兰人属于世界上最高的人之列，而科伊桑人在最矮的群体里，这种身高差异现在仍然是这样。

虽然科伊桑人和欧洲移民在遗传上有差异，但是他们主要的不同来自非遗传的特征，如文化、服饰、语言、宗教、技术、武器以及他们如何获得食物，这些差异如同遗传差异在无数代的地理区隔下积累起来。这两个族群在文化和少量的基因上是不连续、有明显区别的。他们都认为自己与其他人种不同。

即使这样，如果倒回到欧洲殖民之前，我们沿着从科伊桑人的非洲南部到荷兰人的欧洲北部（穿过非洲向北，跨过西奈半岛，到达中东，然后穿过曾经是奥斯曼帝国的土耳其和巴尔干半岛，直达欧洲北部）的陆地迁徙路线回溯人类遗传多样性，那么一个复杂的改变人类遗传多样性的模式就是显而易见的。这种转变本应该是逐渐发生的，一路伴随着变体混合和变化，且没有地理阻隔而形成的差异明显的遗传人种。而产生差异明显人种的原因就是当欧洲殖民者在非洲南部定居下来，这种与地球另一端的人群突然相遇造成的。

我们都是非洲人

欧洲商船在从印度返回荷兰的路上停靠开普敦获得补给。“货物”中就有被捕获的奴隶，他们大多数来自印度。其中一些奴隶被贩卖给定居者，另一些差异明显的奴隶是从南亚带来的，也进入了非洲南部。他们在体形、文化和遗传上与欧洲定居者和科伊桑人都有差异，也被看作是另一种有区别且不同的人种。

这些差异带来的后果是毁灭性的。固执自己的世界观和宗教信仰，欧洲定居者自视在智力、文化和遗传上都高高在上，是上帝应许的人。虽然他们在数量上明显少于科伊桑人，但是他们的武器却要高明得多，于是他们迅速消灭了所有抵抗。比武器更为致命的是欧洲人带去的传染病，对携带病菌的欧洲人而言他们比科伊桑人更具有抵抗力，因为经年暴露在病菌下刺激了他们的免疫系统。早期欧洲殖民者进入非洲南部的最悲剧的结果之一就是大量的当地人死于传染疾病，尤其是天花。1713 年一艘驶过的轮船上受天花病毒污染的被单首先感染了在洗衣房劳作的南亚奴隶，而后不久就感染了欧洲定居者。虽然奴隶主和奴隶都有死者，但是最严重的病毒爆发是在科伊桑人中间。他们从未产生过保护性的抗体。这次的疫情伴随着另外两次规模较小的疫情毁灭了科伊桑人。最后，科伊桑人和他们的文化从根本上在非洲南部消失了。贾雷德·戴蒙德（Jared Dimond）在其普利策（Pulitzer Prize）获奖的著作《枪炮、病菌与钢铁》（*Guns, Germs and Steel*）用书名中的三个词恰如其分地总结了为什么欧洲殖民者能够战胜非洲和其他大洲的原住民，而三样东西中最具毁灭性的就是病菌。

随着在非洲南部的欧洲人越来越多，那些农场主和牧主开始向北、向东迁移，继续建立农庄和牧场。英国攫取了好望角的控制权并驱逐非英国籍的欧洲农场主和牧主到更北、更东的地方，也就是现在的南非、莱索托、斯威士兰、津巴布韦和莫桑比克，这些人以荷兰人口中的Voortrekkers著称，也就是拓荒者，矛盾由此产生。英国最终也在这些地方建立了自己的据点。

殖民者向东北的扩张侵占了原本属于班图族人的土地。班图族在此定居已经有1万年之久，其领地的西北在现今的喀麦隆和尼日利亚。大约3500年以前，他们从狩猎采集社会变为农耕社会，主要作物是营养丰富且富含能量的山药。这样的转变使得班图族的人口规模超出了狩猎采集社会下所能养活的人口。

这是班图族扩展领地的开始，也是非洲历史上最强烈的遗传剧变。一些班图族人向东迁徙历经数代穿过撒哈拉沙漠和中非雨林中间的萨赫勒草原地区，山药也随他们一路种植下去。另外一些班图族人随着大西洋沿岸一路向南。伴随着班图族的迁徙，他们一路征服了遇见的狩猎采集和畜牧种植社会。这种同化，无论是和平进行的也好，还是充满了暴力，甚或是二者兼而有之，我们不得而知。我们所知道的是起源于班图族的DNA变体变成了一路上原住民体内遗传构成的主体。大约在公元1000年，班图族从非洲大陆东南部扩展至南部将科伊桑人向西驱赶到了靠近好望角的更为干燥的地区，而此处正是欧洲殖民者首次遇到他们的地方。

这些欧洲拓荒者除了碰到科伊桑人还碰到了科萨人(Xhosa)和祖鲁人（Zulu），二者都骁勇善战。拓荒者和他们的战争随即展开，撕毁停战协议和大屠杀进一步加剧了战争，结果导致双方的伤亡。最著名的战役就是拓荒者和祖鲁人之间的血河之战（Battle of Blood River）。因为拓荒者媾和团被祖鲁首领杀戮，双方随即投入战斗。战争打响前拓荒者向上帝发誓，如果他们胜利了，他们要建造一个教堂以示纪念。祖鲁的战士在人数上占优势，与拓荒者相比是 6 ∶ 1。但是他们拿着长矛盾牌却无法抵挡躲在货车组成的防御墙体后面的拓荒者的毛瑟枪和大炮。祖鲁战败，大祸临头。有超过 3000 名祖鲁战士死亡，而拓荒者这边仅有 3 名士兵受伤。战斗白热化的时候，祖鲁人的血染红了河流，战役由此得名。拓荒者将胜利视作是上帝对他们在这片土地上的命运的嘉许。[6]

这是欧洲人在殖民过程中无数个被冠以上帝应允的事件之一，这样打着上帝嘉许、神圣命运的屠戮在但凡欧洲殖民过的地方都出现过。在非洲南部欧洲人和原住民之间的战斗点燃了种族仇视的怒火。时间一久种族压迫的法律系统就产生了，在 20 世纪后半叶尤甚，臭名昭著，如种族隔离制度。这一历史上不同移民文化的叠加——欧洲文化、南亚文化和班图族文化——汇集到一个由科伊桑人生活的地区导致了持续数代的种族压迫。种族隔离制度正式开始于 1948 年并一直持续到 1994 年。该制度将人种分为四个类别：白种人、黑种人、印度种人和其他有色人种。欧洲殖民者的后裔划分为白种人；班图族人是黑种人；南亚人是印度种人；而科伊桑人及其他具有混合祖先谱系的都划分为有色人种。种族隔离和《反混种生育法》将人们与其他人种类别的人分别开来，而且政治和经济权力都集中在白人阶级手中。那些被划分到不是白种人类别的人被强迫迁移到人种上隔离的社区，而他们之前的居住地则被正式宣布为白人所有。

种族隔离制度的执行漫长且压迫。尼尔逊·曼德拉（Nelson Mandela）因领导非暴力反对运动而入狱达 27 年之久，迫于全世界日益增长的反对种族隔离的政治经济压力于 1990 年被释放。在之后的几年里，曼德拉与随后成为南非副总统的弗里德里克·威廉·德克拉克（Frederick Willem De Klerk）协商废止了种族隔离制度。1993 年曼德拉获得了诺贝尔和平奖，在接下来的 1994 年曼德拉在首次允许非白人投票的大选中当选总统。曼德拉离世的消息出来时我还在写作本书。

南非的政治和文化在过去 25 年间迅猛变化，然而能够追溯到不同族群在历史上相遇导致的种族冲突贻害还在持续。例如，南非的收入不均位列世界上最不平等的国家之列，最不均的情况出现在种族隔离人种分类的地区，其中白人阶级有着最高的收入。[7] 同样的收入分层在大多数欧洲殖民不同族群交汇的国家中也是很明显的。其中一个地区我们下面就要涉及。

澳大利亚东南海岸，也就是现在悉尼所在地是澳洲第一个被欧洲殖民的地方。曾经生活在这里的原住民是非常古老的人类始祖的一支的后代。通过 DNA 分析我们得知，走出非洲的人类有一支在 6 万年以前分化出来，然后迁徙进入中东，最后成为澳大利亚原住民的祖先。他们与走出非洲的主要人群分化，在 6.2 万到 7.5 万年间向东迁徙。[8] 他们的后代穿过南亚到达东南亚历时数千年。沿着这条路，在中亚地区这些迁徙的人群和现今已经灭绝的与尼安德特人相近的类人族群丹尼索瓦人（Denisovans）（有关丹尼索瓦人，我们的所知仅限一些骨头和 DNA 信息）间交合极少。自那以后，这支迁徙的人群在中亚携带着与尼安德特人极少交配后获得的少量尼安德特人的 DNA。从丹尼索瓦人而来的 DNA 变体现在存在于澳洲原住民、巴布亚人、东南亚人和太平洋岛国人的体内。

当时，海平面远远低于现在的水平。一个叫作巽他（Sunda）的半岛连接着现今的苏门答腊、婆罗洲和爪哇与亚洲，形成了一个大陆整体（图 7.3）。于是有一些人在 5.5 万年以前就穿过巽他半岛和莎湖（Sahul）大陆（现今澳大利亚、巴布亚群岛和塔斯马尼亚岛）之间的狭窄海峡。[9] 当冰河期结束，海平线升高，现在这个地区的岛屿就形成了。

海平线升高以后，古代迁徙人群的后代大多数就被隔绝在澳大利亚长达数万年之久。当欧洲殖民者到达澳大利亚的时候，澳大利亚原住民人口正在持续增长，狩猎采集的部落占据着这块陆地大部分地区，人群散播到了大陆各地。[10] 虽然他们还没有进入

图 7.3　末次冰盛期（冰河时代）的远古巽他半岛和莎湖大陆，当时海平面还相当低。古代海岸线的大致位置在图中用虚线表示，现今的海岸线用实线表示

农耕文明或掌握先进的武器，但是他们拥有丰富和多样的艺术和音乐传统。气势雄浑的岩画、雕塑和世界上最古老的乐器都是这群人和他们的文化遗留下来的珍贵遗产。

英国对澳洲的殖民活动在 18 世纪晚期开始于悉尼，最初是作为刑罚场所使用，但是后来出现了政府补贴的选择来澳洲生活的自由定居者。1851 年此地发现了黄金，而与此同时英国正在经历着经济大萧条，这就导致了大批英国以及欧洲、北美洲的人移民至此。中国劳工和来自太平洋诸岛的劳工也被带往澳洲，在矿场、农场和种植园劳作。

这样的结果就和在南非发生的情况一样，具有不同遗传和文化历史的不同族群在此会合，在严重的社会不平等下生活。在欧洲殖民的最初几年，大量的澳洲原住民因欧洲定居者带来的传染疾病死亡，尤其是死于天花。

一起被称为黑色之战（Black War）的纷争在塔斯马尼亚岛（Island of Tasmania）发生，被称为“澳洲历史上最紧张的冲突”和“文化上与技术上具有天壤之别的人类群体之间的接触对抗”。[11]1803 年，一个刑罚殖民地在塔斯马尼亚岛上建立起来，一开始仅限于一小块地方。首次的冲突是在 1804 年。到 1820 年，大量的定居者抵达该岛侵占了原住民居住的岛的内部地区。冲突的记录完全是从殖民者的视角出发，且说法五花八门，而历史学家也一直在争论到底发生了什么。明白无误的是英国殖民者视原住民为野人，并对他们实施了惨无人道的暴力。原住民迅速做出反应，他们袭击了英国殖民者，暴力程度逐渐升级。双方都有数百人死亡。更甚者殖民者携带的传染疾病夺走了大量原住民的生命。在 1828 年，殖民地总督乔治・亚瑟（George Arthur）宣布军事法批准巡逻兵杀害任何抵抗的原住民。在 1830 年亚瑟包围所有原住民并将其限定在半岛上的意图失败后，乔治・奥古斯特・罗宾逊（George Augustus Robinson）这位神职人员和建筑工被任命为双方的调解人，劝说剩下的原住民迁往弗林德斯岛（Flinders

Island）。罗宾逊赢得了原住民的信任，经过一段时间，所剩无几的原住民离开了他们曾经生活了 5000 多年的土地前往弗林德斯岛。虽然罗宾逊承诺在岛上原住民会得到富足良好的生活，但是岛上的条件极其恶劣，迁往那里的大多数人都死于营养不良和疾病。最后的幸存者（后来又迁回大陆）也于 1876 年死去，塔斯曼尼亚政府宣布这支人群灭绝。事实上还有原住民在其他地方活了下来，而带有塔斯曼尼亚原住民和欧洲人血统的后裔一直存活至今。但即使是这样，原住民的语言、文化和绝大部分的成员都已经被消灭了。

在澳大利亚大陆上，欧洲移民和他们的后代将原住民以及非白种人（大部分是华人和其他移民）看作是下等人种。在 19 世纪后半叶和 20 世纪初，由于害怕非白种人数量过大，于是白人颁布了一项政策，史称“澳大利亚白人政策”（White Australia Policy），这是由一系列法律和政治运动组成的意在彰显“白人”移民而限制或排斥其他移民的政策。其中最明目张胆的宣言是在第二次世界大战爆发之时澳大利亚总理约翰·科廷（John Curtin）所说：“这个国家将永远是，在澳洲南洋，怀揣建立英国人民定居点的和平到来的移民后代的国家。”[12]

一系列复杂的歧视性法律和社会不平等政策应运而生，包括规定选举权、土地归属、反混种生育、种族隔离和儿童监护的法律。最为人所知的就是“失窃的一代”（Stolen Generations）。这些所谓失窃的孩子们都是澳洲原住民和欧洲移民交合所生，他们被迫从原住民家庭中带走，安置在儿童机构或白人领养家庭中，美其名曰他们会过上更好的生活。这一运动持续了近一个世纪的时间（1869—1970年），影响了数千名儿童。

澳大利亚的地理位置距离日本和第二次世界大战的太平洋战场很近，这就使得澳洲成为数千名日本难民的避难所。一些日本人和澳洲人结婚，而另一些则希望战后仍能留在澳洲。对遣送政策的抗议最终打破了《澳大利亚白人政策》，结果是对一系列法律如《1958年移民法案》（Migration Act 1958）进行修订，而新政策则去除了人种作为移民标准的条款。[13] 虽然为了克服种族主义，澳大利亚做出了很大改变，但是社会和经济压迫仍然是历史上种族主义的遗存。

我们现在将注意力转到北美和南美，那里是最晚出现人类繁衍的大陆。在最后一个主要冰河期结束的时候海平面仍然很低，广阔的白令陆桥连接着亚洲和北美洲。（图7.4）虽然白令陆桥的气候寒冷，但是大部分的海岸线并未结冰，步行就足以通过。美洲原住民的远古祖先大约在1.5万年以前穿过白令陆桥来到北美洲。通过DNA分析得知，他们大多数也许是中亚人群的后代。[14]

经过很长时间，当全球气温升高，极地冰雪融化，海平面攀升，白令陆桥被极冷且凶猛的海水淹没变成了白令海峡。刚刚形成的白令海峡将亚洲和北美洲分割开来，有效地孤立了美洲人群数千年的时间。

欧洲人在美洲的殖民活动开始于15世纪末。定居者有的来

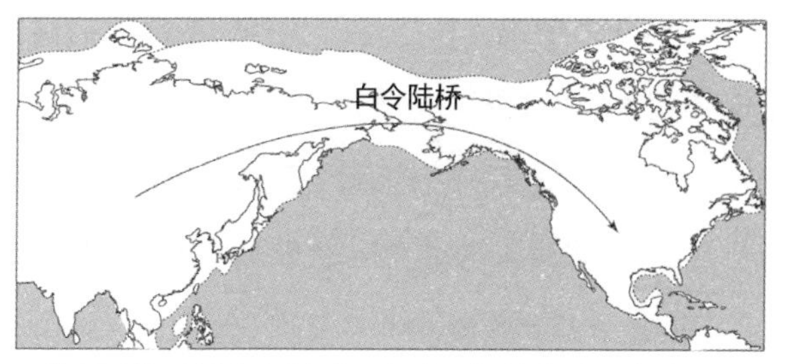

图 7.4　美洲原住民祖先在最后一个冰河期结束时（大约 1.5 万年前）的大致迁徙路线

自英国、法国、瑞典、爱尔兰、西班牙、葡萄牙、荷兰，数量上稍微少一些的来自欧洲其他地方，他们在很短时间内涌入了美洲大陆。西班牙人迅速占领了印加、玛雅和阿兹特克帝国，而葡萄牙人则在今天的巴西建立了殖民地。沿着现今美国的东北海岸线，欧洲殖民者（大多数是英国人、荷兰人和德国人）遇到了既有农耕也有狩猎采集的美洲原住民。

在文化上和遗传上不同的两种人群的突然会合导致了在北美出现了我们前述的和南非、澳洲类似的情况。美洲原住民和欧洲移民在数万年以前具有相同的祖先谱系，那时候他们共同的祖先属于生活在高加索近里海和黑海地区的人群。他们的祖先谱系在地理分布上和生息繁衍方面都已经分化了超过 3 万年，远古欧洲祖先向西迁徙，而美洲原住民的远古祖先向东迁徙。他们都携带着非洲祖先和一些走出非洲后祖先的变体。他们之间不同的新变体在各自的祖先分化后，各自独立地出现并积累。欧洲人把美洲原住民看成是相去甚远且低等的人种。

我们都是非洲人

和南非、澳洲的情况一样，传染性疾病的一系列爆发对美洲原住民造成了灾难性的后果。虽然大多数的传染是无意的，但至少有一例是人为的。在这个臭名昭著的细菌战案例中，英国陆军总司令杰弗里·阿默斯特勋爵（Lord Jeffrey Amherst）在法军与印第安战争时期，也就是著名的庞蒂亚克战争（Pontiac's War）中命令将受到天花病毒污染的毯子送予美洲原住民。阿默斯特本人在写给他下属军官的一封信中说："你要尽全力让印第安人接触到毯子上的天花，同时还要尽一切手段根除这一低劣人种。"[15]

在 18 世纪时，大规模的跨大西洋黑奴输送使得美洲种植园农业大幅度扩展。大多数非洲奴隶都是从西非的大西洋沿岸一直延伸到非洲大陆的这片中间地带区域被抓后送往美洲的。因为他们大多来自有限的地区，这些人大多数都是西非的班图族，一旦到达美洲就代表着非洲人群的亚型遗传多样性。他们也具有和欧洲人、美洲原住民一样的来自 6 万年以前的祖先谱系。非洲奴隶在 18 世纪到 19 世纪组成了前往北美的数量众多的移民群体，人数接近 40 万，而在整个美洲人数则超过 1000 万。[16]他们没有自由，更遑论人权，他们的子孙丧失了大部分的非洲文化、语言和宗教，尤其是在北美洲，因为他们被迫接受欧洲殖民主义的文化、语言和宗教。

欧洲殖民者在 19 世纪北美的向西扩张加速了美国第一条横贯大陆的铁路的修建，而主要的劳工都是在加利福尼亚州海岸落脚的亚洲人，他们不仅修建铁路、挖矿、种植，还从事其他重体力劳动。当时白人至上主义甚嚣尘上，而这群来自东亚的移民就被称为“黄祸”（英语有三种说法，分别是 yellow menace，yellow terror 和 yellow peril）。美国联邦法律限制或禁止亚洲移民始于《1875 年佩奇法案》（Page Act of 1875），并在《1882 年排华法案》（Chinese Exclusion Act of 1882）、《1892 年吉尔里法案》（Geary Act of 1892）以及《1917 年移民法案》的“亚裔禁入区”（Asiatic Barred Zone）得到延续。[17]

在 19 世纪末，美国人口中有相当多的人是非洲和欧洲人后裔，还有少量是东亚人的后裔。从那时起，美洲原住民在数量上骤减，很多人都生活在保留区。虽然当时所有人表面上看起来是自由的，也理应获得法律给予的平等，但是绝大多数人还是被隔离在他们族群的特定地区，而最富有最有权势的人都是欧洲裔美国人。

向西拓展的人中，欧洲裔占大多数，他们进入被西班牙占领的地区，也就是现今的得克萨斯州、加利福尼亚州和西部各州的地区，这些绝大部分地区以前都属于墨西哥。现在的几个州仍然保留着西班牙语的名称，如科罗拉多州（意为有色的）、内华达州（意为冰雪覆盖的）、蒙大拿州（意为群山峻岭）以及亚利桑那州（意为干燥地带）。西班牙殖民者与美洲原住民的交合相当常见，他们的后代后来在北美洲的大部分地区都有定居。今天大多数具有多重祖先谱系（包括美洲原住民和西班牙人祖先谱系）的人都将他们自己看作是西班牙裔（Hispanic）或拉丁裔（Latino）。

我们都是非洲人

欧洲殖民者所到之处都重复着同样的历史。所谓严格的人种概念只是一个大而化之的模式，因为不同的人群在移民活动中会合在一起。如果从世界范围来看，移民并非来自不同的人种。然而，如果从新近建立的殖民地有限优势的角度看，那些被从家乡贩卖来的奴隶和之前占有这片土地的当地居民，他们所表现的人种不同似乎是明显的，特别是对于那些脑子里全是白人至上、信仰和传统至上的殖民者而言尤其如此。

这样的人种分类遗毒延续至今。从遗毒中浮现而出的最重要一点就是，作为社会架构和作为所谓的遗传构造之间的不同。正如我们已经看到的那样，人种分类在全世界范围的遗传背景的视角下毫无意义。DNA 分析中充分的细节已经证实了部分已知的历史和考古学证据，即在过去 4000 年的复杂而又大规模的人类迁徙活动，将 DNA 变体以复杂和多样的途径传播到世界上的绝大多数人中。[18] 地球上绝大多数的人遗传了能够追溯到诸如此类主要的人类迁徙活动的混合变体。正如一位人类学家指出的那样，“我们都是杂合的人（mongrels），我们一直以来都是如此。”[19]

然而，作为一套社会架构的人种概念比起作为所谓严格的遗传整体概念则有完全不同的意义和重要性。人种的社会架构因国家不同而不同，类似政治类别这样的概念，因为它们主要是基于那些国家的迁徙历史，而不是世界范围内的遗传多样性。回想一下第 1 章，法官在 1959 年判决拉翁诉弗吉尼亚州《反混种生育法》的判例所说：“万能的上帝创造了白种人、黑种人、黄种人、马来种人和红种人。并将其置于不同的大陆之上……上帝将人种分而治之，表明上帝无意混血。”[20] 这样的表述更加反映了人种是受美国移民历史影响，而不是受复杂的欧洲、非洲、亚洲和美洲的人类遗传历史的影响。

人种分类是如何表明社会属性而非遗传属性的绝佳例子就是美国人口普查人种分类方案（Racial Classification of the US Census）。2010 年的美国人口普查率先另立西班牙裔人种这一分类，人们在被问及是否为西班牙裔时可以做出选择。普查还询问所有参与者——无论他们自我确认的人种分类是否为西班牙裔——让他们进一步将自己归入以下 5 个类别中的一个：

白种人：具有任何欧洲、中东或北非祖先的人。

黑人或非洲裔美国人：具有任何非洲黑人祖先的人。

美洲印第安人或阿拉斯加原住民：具有任何北美或南美祖先（包括中美洲），且保留着与部落或相似社群关系的人。

亚洲人：具有任何远东、东南亚或印度次大陆，包括如柬埔寨、中国、印度、日本、朝鲜半岛、马来西亚、巴基斯坦、菲律宾、泰国和越南祖先的人。

夏威夷或其他太平洋岛国原住民：具有任何夏威夷、关岛、萨摩亚群岛或其他太平洋岛国祖先的人。[21]

我们都是非洲人

将自己划入美洲印第安人或阿拉斯加原住民、亚洲人和夏威夷及其他太平洋岛国原住民的人被进一步问及将自己划入该类别的次一级类别之中。自认为是美洲印第安人或阿拉斯加原住民的人被要求说出与自己有关的部落名称，自认为是亚洲人的人需要说出他们祖先来自哪个国家，而夏威夷或其他太平洋岛国原住民需要说出他们祖先来源的岛名。而这样的次一级分类不包括白种人和黑人。

对于白种人或黑人没有此类的次一级分类并不表明他们缺乏遗传多样性；自认为黑人或白种人的美国人在遗传上是极为多样的。次一级分类在白种人和黑人之间几乎是不可能且没有意义的。大量自认为是白种人或黑人的人无法进一步确定他们祖先来自的具体国家或具体地区，主要是因为他们祖先迁徙进入美洲是许多代以前的事情了，而他们的祖先谱系往往能够追溯到相当多的国家。相较而言，其他人种类别的人，他们自己本身就是移民或者是近期移民的后代，所以可以将其祖先追溯到特定的区域。

在整个 20 世纪和 21 世纪初，世界范围内的移民已经将很多国家的人群极大地多样化了。例如，美国人现在的多样性就大大超过了一个世纪以前。而且多样性还在持续增加。《反混种生育法》的禁忌早已失势，尽管并未完全消失。这一曾经泾渭分明的种族隔离已经逐渐开始模糊。

作为社会架构的人种概念是真实存在且有意义的。根据威斯康星大学法律与生物伦理学教授，同时也是人种社会学和生物学方面的专家皮拉尔·奥索里奥（Pilar Ossorio）所说：

> 人种概念深深扎根于个体和集体意识里，它以无数种方式建构着我们的生活和物质世界。人种是一个人们在哪里生活、在什么学校上学、在哪里获得并实践信仰、他们做什么工作以及收入多少的强烈信号。人种真实存在，因为人类通过人种化过程不断创造和再创造着它。[22]

然而，作为社会架构的人种概念既不是普遍存在的，也不是连续不变的。人种根据历史、社会和政治规则而变化。比如，南非种族隔离制度将班图族和科伊桑人划分为不同的类别（分别是黑人和有色人种），而全美人口普查则将所有“具有非洲黑人族群祖先谱系的人”都定义为黑人。人种的社会架构在不同的语境和时间下一直在改变。正如奥索里奥解释的那样：

> 不存在一个统一的人种定义，没有一个人种定义可以应用在所有的地方、所有的时间、所有的目的。学者将人种看作是研究中的一个变量必定在操作人种概念时迎合自己的研究需要，承认这种“有效定义”不过是“满足分析策略的需要，它们不能反映一个现有的社会和生物现实”。[23]

虽然宣传一个真正“无视肤色”（colorblind）的世界，其中人种和社会、政治或经济地位完全没有关系这样的乌托邦理想颇具吸引力，但是这一现实太骨感——毕竟，在今日之世界以及可以预见的未来这一理想太不现实了。过往和目前的种族主义遗毒还很强大、很剧烈。虽然种族隔离在美国早已是非法的，但是社区的人种区隔在美国的每一个大城市仍然存在，而且这样的区隔也与经济地位有关系。全美的公立学校大部分是由学校所在地的政府管理并提供经费这一事实就无法杜绝基础教育中的种族不平等，尽管政府花大力气试图缓解这一状况。就业、公共服务、社保以及社会其他方面的不平等一直存在着，且与人种分类有绝大的关系，这都是过往人种歧视的残余。

认识到现代人对待人种的观念是如何作为移民历史而产生而不是任何所谓确定了的人种遗传分野或生物学基础这一点，对理解什么是人种以及人种不包含什么最为关键。把人种观念中的遗传架构的部分消除掉，而保留人种的社会现实架构，对于在与种族主义的漫长战斗中最终获胜，并消除种族主义的所有遗毒是极端重要的。

Epilogue 结　语

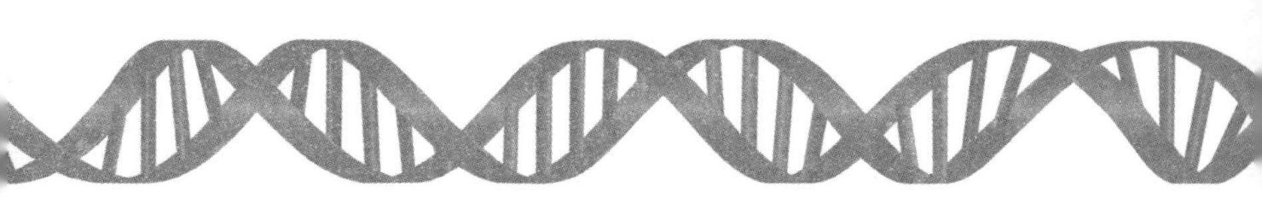

我们业已讨论的证据表明人类自从非洲起源后是如何演化的，以及人类最终是如何迁徙并占据这个世界的。我们DNA中的证据显示，在遗传上我们所有人都惊人的相似。即使是来自中西非一块很小区域的相同的黑猩猩，其种群在遗传上也要比扩散到五大洲的人类更为多样。[1] 作为人类的我们是密切关联的——我们是同一个家庭的成员，我们的起源可以追溯到非洲一个共同的家园。

因为本书聚焦科学，所以对种族主义历史一笔带过。对种族主义历史的全面探讨将揭露一些最为卑鄙、恶劣得说不出口的种族虐待行径，其残酷性将长时间地拷问着我们的良知。数世纪以来的种族迫害暴行，时间久到无法从历史上清洗干净，很多人还没有意识到在过去500年间人类行为恐怖的一面。然而转机已经出现，大量写作上乘、直白且详细的种族主义历史记述现在以书籍、网页和纪录片的形式唾手可得。这些记述值得在历史上为它们留下显著的位置，并由呈现在此的各种科学证据来补充完善。种族主义的历史绝不能忘却，要成为正在进行的对抗种族主义战斗以及战胜其遗毒的激发动力。

种族主义历史包含了一段时间，其间白人至上主义利用所谓的科学宣扬他们的那一套理由。现在这套东西被称为“科学种族主义”（scientific racism），在19世纪中叶到20世纪末是最具影响力的伪学说，其阴魂至今不散。其部分目的就是维持非白种人属于不同人种应该与白人分别对待，且低人一等的观点。这一观点甚至发展到，对于某些人来说，非白种人不配归入人类这个物种之中的程度。广为人知的所谓人类物种**多起源说**（*polygenism*）认为人类不同的人种有不同的生物起源，这是人类多起源假说的一个极端且较早的版本。对于一些人而言，每个人种都可被看成是相互分离且不同的物种，只有白种人才能被看作是人。这种观点的支持者常常把基督神学和他们所谓的科学臆想混在一起，就是为了证明亚当和夏娃仅仅是白种人的最早的父母，其他所谓的人种都据称是从动物演化而来的。在这样一种设想下，非白种人在法律上被划归入财产的范围，就和家养的动物在法律上被当作个人财产一样。[2]这一信念是被经常用来粉饰奴隶制度、拒绝人权的几个理由之一，这一信念支持奴隶贸易、经济和种族压迫。优生学和反混种生育法披着科学的外衣，存在的时间比奴隶制度长了一个世纪，甚至在某些地方一直存在到了20世纪末。有一些人还在相信人种纯洁的概念是生物学上和神学上行得通的，进而也是可取的，而他们置目前遗传证据完全否认了这一概念的事实于不顾。

还有一些人辩解道，本书中强调的这类DNA证据强化了而不是驳斥了传统人种分类。例如尼古拉斯·韦德（Nicholas Wade）就在其最近的一本书《棘手的遗传性：基因、人种和人类历史》（*A Troublesome Inheritance: Genes, Race and Human History*）中写道：

> 即使一个人属于哪一个种族从个体的身体外表不能迅速得知，对于混血的人也是如此，但是人种还是可以在基因层面上区别出来。借助祖先谱系信息标记物变体，……可以有充分的信心将某一个体纳入适当的起源地。如果是混血，比如像非洲裔美国人，那么每一个基因组块都可以划分到其非洲或者欧洲祖先谱系上。至少在大洲这个水平上的人群范围内人种是可以在遗传层面区分开的，而这是有充分证据证明的。[3]

能够将非洲裔美国人身上的非洲和欧洲DNA片段区分开并

不意味着严格的人种分野是存在的，尤其是在世界范围基础上，考虑人类遗传多样性的分布时尤其如此。相反，它反映了作为欧洲殖民运动和北美洲大西洋奴隶贸易的结果，祖先谱系可以追溯到不间断的西非和北欧地区的人群的历史性会合。

即使大量的人类遗传信息目前已经可得，传统的人种分类也不过是一个过于简单化的代表世界人群的遗传变化分布的方法而已。人类历史上，突变一直在创造着新的 DNA 变体，而且所谓一小部分的变体决定了人种的观点无法认识到变体分布的复杂特性。大量的变体是非常古老的，大约出现在 10 万年以前的非洲，那时人类居住于此，而今散播到世界各地。这些变体在数万年的时间里通过人类在非洲内、走出非洲、回到非洲以及跨越大洲的迁徙而不断的散播。还有一些变体显示出渐变模式，其在某一区域里的广泛性在逐渐降低。它们起源于某地然后经过数代散播到迁徙离开的人群中。然而还有一些变体在一些特定区域更具群簇性，常常是大洋或群山阻隔了历史上这些变体的散播，因为携带这种变体的人无法通过这些阻隔到别的地方去。更进一步的是，如果变体对生存和繁殖有利，那么自然选择就会使得世界特定区域的特定变体的广泛性增加。影响色素沉着或抵抗疾病的变体就很能说明问题。另外，人类遗传多样性的程度因地域不同而有变化，所以无法提供一个可靠的根据多样性多少而将人类分成特定人种的方法。到目前为止，遗传多样性最大的地方就是撒哈拉以南非洲，因为人类从那里起源，所以这一点儿也不奇怪。最后，

我们都是非洲人

在过去数千年，人类迁徙的广布已经对世界遗传多样性以复杂的方式做了重新洗牌，这就否定了过于简单的所谓纯粹或者混合人种的看法。

所谓生物学上的不同人种这一概念在20世纪后半叶之前被广泛接受。现如今它早已过时，被更为复杂和可靠的科学遗传祖先谱系特征化所取代。一些人仍然抱持着遗传上定义的人种概念，主要是因为一些祖先谱系信息标记物变体的群簇与地理位置有关。密歇根大学的诺厄·罗森伯格（Noah Rosenberg）及其同事已经开展了一些最为广泛的群簇变体研究并清晰地表明，“群簇基因的证据是不能支持任何‘生物学人种’概念的”。[4]值得注意的是，一些世界顶尖的人类遗传学家也公开地谴责宣称遗传研究支持生物学人种概念的人以及由此概念出现的毫无根据的推理。[5]

那么为什么有关我们遗传统一体和多样性的准确理解如此重要呢？因为，首先有几个实际的原因。健康的变化部分是由我们DNA的变化决定的。然而试图将具体的疾病和人种相关联是过于简单，且在科学上漏洞百出的。一些遗传疾病，例如囊性纤维病和镰状细胞性贫血，在祖先能够追溯到世界特定地区的人中更为常见，但是这些疾病是不能限定在一个具体的族群里的，而且在所有人群中这些疾病都是很罕见的。它们绝不能被挂上人种疾病的标签。

解决与健康相关的疾病易感性是相当复杂的。例如在遗传上，代际之间的肤色不同与恶性黑色素瘤的易感性呈现反比例关系。那些较少色素沉着的人比起色素沉着更多的人更易得此病。看起来人种差异的易感性其实相较遗传而言有着更多的社会基础。例如美洲原住民酗酒的易感性更多的是与贫困和不良的生活环境有关而不是与遗传祖先谱系有关。

在这个上下文背景下，作为一种社会架构的人种或种族概念是具有医疗显著性的。社会经济地位、教育、卫生保健、健康习惯、药物滥用、传染性疾病以及其他非遗传因素的差异至少导致了社会上定义的族群健康状况的一些差异。在这些情况下，努力消除贫困、失业或就业不足以及消除教育不平等都很可能对改善整体健康有一个相当好的效果。

对于教育成就也是如此。所谓的智商的人种差异更应该是社会经济地位和教育质量巨大差异的结果而不是任何族群的遗传差异。努力提高教育质量和机会能够获得与提高教育成就相关联的经济收益。作为经常与第一代大学生（first-generation college students）（在美国，第一代大学生是指其父母未上过大学的学生——译者注）一起工作的教育者，我已经亲眼见证了设计良好的教育能够激发那些在经济上弱势或缺乏足够教育背景的学生的转变。

除了以上这些实际的原因外，也许还有一些同样重要的原因让我们理解，为什么以科学为基础理解人类多样性是非常重要的。因为科学理解人类多样性破除了种族优越论的观念，激发了奇迹感并尊重这种我们从非洲起源一直到现在的遗传和文化的人类多样性。也许最重要的就是，它告诉我们，我们是谁以及我们是如何起源的。

不幸的是很多人难以接受目前科学揭示的人种奥秘。因为它与看起来明显的人种差异正好相反，这在大多数迁徙历史已经将祖先谱系背景不连续的人群融会在一起的地区尤其如此。我们每一个人一生中都在经历的所谓人种分类也反复灌输给我们人种差别观，这也不容易放弃。如果对科学证据视而不见，人种观念及种族歧视是不可能很快消失的。更进一步说，科学理解人类演化历史对广泛接受的基于圣经历史的文本解读的宗教信仰提出了挑战。本书讨论的每一件事以及与人类遗传多样性相关的每一件事都是我们演化历史的结果，是由充分证据支撑的。正如遗传学家费奥多西·多布然斯基（Theodosius Dobzhansky）的名言“抛开演化论谈生物学将毫无意义可言”，同样如果抛开人类演化去谈人类遗传多样性也会毫无意义。[6]然而即使如此，仍有不容小视的一部分人（据最近的盖勒普调查，在美国占到42%）全然否定人类演化，转而相信人类是在距今不到1万年的时候被特别创造出来的，没有演化历史上的祖先。[7]这样的信念常常和非科学的人种论，以及人种是如何产生的观点相混淆。而且，尽管有着压倒性的科学证据以及经常改变的社会规则，仍有相当大的一部分人抱着过去的白人至上和种族主义传统不放。

为了理解作为物种的我们以及为什么我们如此多样，我们就必须在我们具有相同的非洲起源的背景下检视我们的遗传多样性。我们从非洲起源，接着通过数万年的时间进行着大陆内以及大陆间的迁徙，并在过去的数千年一直延续至今，这种迁徙在世界范围内对人类遗传组成做了重新洗牌的主要迁徙活动时期达到了顶峰。最后，我们还必须认识到今日的人口数量比以往任何时候都要多，更具多样性且更复杂。我们所有人都紧密相关，超过70亿的我们都是远房亲戚，而且从一开始我们都是非洲人。

注　释

序　言

1. R. J. Sternberg, "Intelligence,"Dialogues in Clinical Neuroscience 14, no.1 (2012): 19–27.
2. British Broadcasting Corporation (BBC), "Episode 3: A Savage Legacy," Racism: AHistory, 58:47, http://topdocumentaryfilms.com/racism-history (accessed June 25, 2014),58:02.
3. Ibid., 55:40.
4. A. James, "Making Sense of Race and Racial Classification," in White Logic, WhiteMethods: Racism and Methodology, ed. T. Zuberi et al. (Lanham, MD: Rowman andLittlefield, 2008), p.32.
5. BBC, Racism: A History, http://topdocumentaryfilms.com/racism-history (accessed June25, 2014); Public Broadcasting System, Race: The Power of an Illusion, http://www.pbs.org/race (accessed June 25, 2014).

第 1 章　何为人种?

1. As quoted by E. Warren, "Loving v. Virginia: Opinion of the Court," No.395,

206 Va. 924,147 S.E.2d 78, reversed, http://www.law.cornell.edu/supct/html/historics/USSC_CR_0388_0001_ZO.html (accessed July 15, 2014).

2. Ibid.

3. Ibid.

4. T.Head,"Interracial Marriage Laws: A Short Timeline History,"http://civilliberty.about.com/od/raceequalopportunity/tp/Interracial-Marriage-Laws-HistoryTimeline.htm (accessed May 14, 2013).

5. South Africa Parliament, Report of the Joint Committee on the Prohibition of Mixed Marriages Act and Section 16 of the Immorality Act (Cape Town, South Africa: Government Printer, 1985).

6. C. R. Darwin, On the Origin of Species by Means of Natural Selection, or the Preservation of Favoured Races in the Struggle for Life, 4th ed. (London: John Murray, 1866), p.16.

7. C. R. Darwin, On the Origin of Species by Means of Natural Selection, or the Preservation of Favoured Races in the Struggle for Life, 5th ed. (London: John Murray, 1869), p.243.

8. American Kennel Club, "Breed Matters," https://www.akc.org/breeds (accessed May 3, 2014).

9. C. R. Darwin, On the Origin of Species by Means of Natural Selection, or the Preservation of Favoured Races in the Struggle for Life, 1st ed. (London: John Murray, 1859), p.298.

10. R. C. Punnett, Mendelism (New York: Macmillan, 1905), p.184.

11. United States Holocaust Memorial Museum, "Holocaust Encyclopedia," http://www.ushmm.org/wlc/en/article.php?ModuleId=10005143 (accessed July 16, 2012).

12. Jewish Virtual Library, "The Nazi Party: The 'Lebensborn' Program," http://www.jewishvirtuallibrary.org/jsource/Holocaust/Lebensborn.html (accessed July 16, 2012).

13. A. M. Stern, Eugenic Nation: Faults and Frontiers of Better Breeding in Modern America (Oakland, CA: University of California Press, 2005), p.244.

14. G. Hellenthal et al., "A Genetic Atlas of Human Admixture History," Science 343, no.6172 (2014): 747–751.

15. R. C. Lewontin, "The Apportionment of Human Diversity," Evolutionary

Biology 6(1972): 385.
16. Ibid., p.382.
17. J. P.Jarvis et al., “Patterns of Ancestry, Signatures of Natural Selection, and Genetic Association with Stature in Western African Pygmies,” PLoS Genetics 8, no.4 (2012): e1002641.
18. Ibid.
19. S. E. Lederer, Flesh and Blood: Organ Transplantation and Blood Transfusion in 20th Century America (Oxford: Oxford University Press, 2008).
20. A. W. F. Edwards, “Human Genetic Diversity: Lewontin’s Fallacy,” BioEssays 25, no.8 (2003): 800.
21. Ibid., p.801.
22. L. B. Jorde and S. P.Wooding, “Genetic Variation, Classification, and ‘Race,’” Nature Genetics 36 (2004): S28.
23. Ibid., p.S30.

第 2 章 源在非洲

1. The evidence of this ancient population is human skeletal remains, including nearly intact skulls bearing the features of modern humans, in the Qafzeh and Skhul caves. 参见 C. B. Stringer et al., “ESR Dates for the Hominid Burial Site of Es Skhul in Israel,” Nature 338 (1989): 756–758.
2. D. J. Fairbanks, Evolving: The Human Effect and Why It Matters (Amherst, NY: Prometheus Books, 2012).
3. Ibid.
4. R. E. Green et al., “A Draft Sequence of the Neanderthal Genome,” Science 328, no.7929 (2010): 710–722.
5. J. Zhang et al., “Genomewide Distribution of High-Frequency, Completely Mismatching SNP Haplotype Pairs Observed to Be Common across Human Populations,” American Journal of Human Genetics 73, no.5 (2003): 1073–1081.
6. L. B. Jorde and S. P.Wooding, “Genetic Variation, Classification, and Race,” Nature Genetics 36 (2004): S28–S33.
7. There is one documented instance of paternal inheritance of mitochondrial DNA in humans, and it is due to a genetic disorder. The man who inherited

this DNA had the paternal mitochondrial DNA only in his muscles. The mitochondrial DNA in the rest of his body was maternal, so this single documented instance of paternal transmission of mitochondrial DNA has no effect on pure maternal inheritance throughout generations. The research was published by M. Schwartz and D. Vissing, "Paternal Inheritance of Mitochondrial DNA," New England Journal of Medicine 347, no.8 (2002): 576–580.

8. M. Ingman et al., "Mitochondrial Genome Variation and the Origin of Modern Humans," Nature 408, no.6828 (2000): 708–713; N. van Oven and M. Kayser, "Updated Comprehensive Phylogenetic Tree of Global Human Mitochondrial DNA Variation," Human Mutation 30, no.2(2009): E386–94; P.Soares et al., "Correcting for Purifying Selection: An Improved Human Mitochondrial Molecular Clock," American Journal of Human Genetics 84, no.6 (2009): 740–759.
9. U. A. Perego et al., "Distinctive Paleo-Indian Migration Routes from Beringia Marked by Two Rare mtDNA Haplogroups," Current Biology 13, no.1 (2009): 1–8.
10. S. A. Elias, "Late Pleistocene Climates of Beringia, Based on Analysis of Fossil Beetles," Quaternary Research 53, no.2 (2000): 229 - 235.
11. B. Malyarchuk et al., "The Peopling of Europe from the Mitochondrial Haplogroup U5 Perspective," PLoS ONE 5, no.4 (2010): e10285.
12. D. M. Behar et al., "A 'Copernican' Reassessment of the Human Mitochondrial DNA Tree from Its Root," American Journal of Human Genetics 90, no.4 (2012): 675–684.
13. Soares et al., "Correcting for Purifying Selection."
14. In reality, a very small part on one end of the Y chromosome recombines with the X chromosome. However, all genetic analysis for ancestry is done with the nonrecombining portion, which represents the vast majority of the Y chromosome.
15. F. Cruciani et al., "A Revised Root for the Human Y Chromosomal Phylogenetic Tree: The Origin of Patrilineal Diversity in Africa," American Journal of Human Genetics 88, no.6 (2011): 814–818.
16. W. Fu et al., "Analysis of 6,515 Exomes Reveals the Recent Origin of Most

Human Protein Coding Variants," Nature 493, no.7431 (2013): 216–220.
17. Jorde and Wooding, "Genetic Variation, Classification, and Race," p.S29.

第 3 章 祖先与人种

1. For an excellent summary of the Jefferson-Hemings history and research, 参见 the PBSFrontline episode "Mapping Jefferson's Y Chromosome" at http://www.pbs.org/wgbh/pages/frontline/shows/jefferson/etc/genemap.html (accessed November 11, 2012). For more detailed information, and the results of original research, 参见 F. L. Mendez et al., "Increased Resolution of Y Chromosome Haplogroup T Defines Relationships among Populations of the Near East, Europe, and Africa," Human Biology 83, no.1 (2011): 39–53; Thomas Jefferson Memorial Foundation, Report of the Research Committee on Thomas Jefferson and Sally Hemings, http://www.monticello.org/sites/default/files/inline-pdfs/jefferson- hemings_report.pdf (accessed November 11, 2012); National Public Radio, "Thomas Jefferson Descendants Work to Heal Family's Past," http://www.npr.org/templates/story/story.php?storyId=131243217 (accessed November 11, 2012); A. G. Reed, The Hemingses of Monticello: An American Family (New York: W. W. Norton, 2009).
2. D. M. Goldenberg, The Curse of Ham: Race and Slavery in Early Judaism, Christianity, and Islam (Princeton, NJ: Princeton University Press, 2003).
3. Ibid.
4. S. J. Gould, The Mismeasure of Man, rev. ed. (New York: W. W. Norton, 1996), p.404.
5. United States Census Bureau, "Race," http://www.census.gov/topics/population/race.html (accessed June 25, 2014).
6. M. F. Hammer et al., "Population Structure of Y Chromosome SNP Haplogroups in the United States and Forensic Implications for Constructing Y Chromosome STR Databases," Forensic Science International 164, no.1 (2006): 45–55.
7. D. J. Fairbanks et al., "NANOGP8: Evolution of a Human-Specific Retro-Oncogene," G3: Genes Genomes Genetics 2, no.11 (2012): 1447–1457; D. J. Fairbanks and P.J. Maughan, "Evolution of the NANOG Pseudogene Family

in the Human and Chimpanzee Genomes," BMC Evolutionary Biology 6 (2006): 12.

8. I. Chambers et al., "Functional Expression Cloning of Nanog, a Pluripotency SustainingFactor in Embryonic Stem Cells," Cell 113, no.5 (2003): 643–655.
9. L. Ségurel et al., "The ABO Blood Group Is a Trans-Species Polymorphism in Primates,"Proceedings of the National Academy of Sciences, USA 109, no.45 (2012): 18493–8498.
10. J. A. Rowe et al., "Blood Group O Protects against Severe Plasmodium falciparumMalaria through the Mechanism of Reduced Rosetting," Proceedings of the National Academy of Sciences, USA 104, no.44 (2007): 17471–17476; A. E. Fry et al., "Common Variation in the ABO Glycosyltransferase Is Associated with Susceptibility to Severe Plasmodium falciparum Malaria," Human Molecular Genetics 17, no.4 (2008): 567–576.
11. R. I. Glass et al., "Predisposition for Cholera of Individuals with O Blood Group: Possible Evolutionary Significance," American Journal of Epidemiology 121, no.6 (1985): 791–796; J. D. Clemens et al., "ABO Blood Groups and Cholera: New Observations on Specificity of Risk and Modification of Vaccine Efficacy," Journal of Infectious Disease 159, no.4 (1989): 770–773; A. S. G. Faruque et al., "The Relationship between ABO Blood Groups and Susceptibility to Diarrhea due to Vibrio cholerae 0139," Clinical Infectious Disease 18, no.5 (1994): 827–828.
12. A. Keinan and A. G. Clark, "Recent Explosive Human Population Growth Has Resulted in an Excess of Rare Genetic Variants," Science 336, no.6082 (2012): 740–743.
13. Fairbanks et al., "NANOGP8," pp.1447–1457.
14. J. Xing et al., "Fine-Scaled Human Genetic Structure Revealed by SNP Microarrays," Genome Research 19 (2009): 819.
15. E. Giardina et al., "Haplotypes in SLC24A5 Gene as Ancestry Informative Markers in Different Populations," Current Genomics 9, no.2 (2008): 110–114.
16. 16. Race, Ethnicity, and Genetics Working Group, "The Use of Racial, Ethnic, and Ancestral Categories in Human Genetics Research," American Journal of Human Genetics 77, no.4 (2005): 524.

第 4 章　“他们的肤色”

1. M. L. King Jr., “I Have a Dream,” Historic Documents, http://www.ushistory.org/documents/ihave-a-dream.htm (accessed June 29, 2014).
2. C. R. Darwin, On the Origin of Species by Means of Natural Selection or the Preservation of Favoured Races in the Struggle for Life, 1st ed. (London: John Murray, 1859), p.406.
3. N. G. Jablonski and G. Chaplin, “Human Skin Pigmentation as an Adaptation to UV Radiation,” Proceedings of the National Academy of Sciences, USA 107, suppl. 2 (2010): 8962–8968.
4. G. S. Omenn, “Evolution and Public Health,” Proceedings of the National Academy of Sciences, USA 107, suppl. 1 (2012): 1702–1709; S. Sharma et al., “Vitamin D Deficiency and Disease Risk among Aboriginal Arctic Populations,” Nutritional Review 69, no.8 (2011): 468–478.
5. C. R. Wagner, F. R. Greer, and the Section on Breastfeeding and Committee on Nutrition, “Prevention of Rickets and Vitamin D Deficiency in Infants, Children, and Adolescents,” Pediatrics 122, no.5 (2008): 1142–1152.
6. T. Haitina et al., “High Diversity in Functional Properties of Melanocortin 1 Receptor (MC1R) in Divergent Primate Species Is More Strongly Associated with Phylogeny than Coat Color,” Molecular Biology and Evolution 24, no.9 (2007): 2001–2008.
7. P.Sulem et al., “Genetic Determinants of Hair, Eye and Skin Pigmentation in Europeans,”Nature Genetics 39 (2007): 1443–1452; E. Pośpiech et al., “The Common Occurrence of Epistasis in the Determination of Human Pigmentation and Its Impact on DNA-Based Pigmentation Phenotype Prediction,” Forensic Science International: Genetics 11 (2014): 64–72.
8. S. Beleza et al., “The Timing of Pigmentation Lightening in Europeans,” Molecular Biology and Evolution 30, no.1 (2013): 24–35.
9. E. Healy et al., “Functional Variation of MC1R Alleles from Red-Haired Individuals,” Human Molecular Genetics 10, no.21 (2001): 2397–2402.
10. Jablonski and Chaplin, “Human Skin Pigmentation”; K. Makova and H. L. Norton, “Worldwide Polymorphism at the MC1R Locus and Normal Pigmentation Variation in Humans,”Peptides 26, no.10 (2005): 1901–1908.
11. Jablonski and Chaplin, “Human Skin Pigmentation.”

12. S. J. Gould, The Mismeasure of Man, rev. ed. (New York: W. W. Norton, 1996), p.401.
13. E. Giardina et al., "Haplotypes in SLC24A5 Gene as Ancestry Informative Markers in Different Populations," Current Genomics 9, no.2 (2008): 110–114.
14. R. Smith et al., "Melanocortin 1 Receptor Variants in an Irish Population," Journal of Investigative Dermatology 111, no.1 (1998): 119–122.
15. C. Lalueza-Fox et al., "A Melanocortin 1 Receptor Allele Suggests Varying Pigmentation among Neanderthals," Science 318, no.5855 (2007): 1453–1455.
16. C. C. Cequeira et al., "Predicting Homo Pigmentation Phenotype through Genomic Data: From Neanderthal to James Watson," American Journal of Human Biology 24, no.5 (2012): 705–709.
17. Jablonsky and Chaplin, "Human Skin Pigmentation," p.8966.
18. H. L. Norton et al., "Genetic Evidence for the Convergent Evolution of Light Skin in Europeans and East Asians," Molecular Biology and Evolution 24, no.3 (2007): 710–722.

第5章 人类多样性与健康

1. A. C. Allison, "Protection Afforded by Sickle-Cell Trait against Subtertian Malarial Infection," British Medical Journal 1, no.4857 (1954): 290–294.
2. S. M. Rich et al., "The Origin of Malignant Malaria," Proceedings of the National Academy of Sciences, USA 106, no.35 (2009): 14902–14907.
3. M. Currat et al., "Molecular Analysis of the Beta-Globin Gene Cluster in the Niokholo Mandenka Population Reveals a Recent Origin of the Beta-S Senegal Mutation," American Journal of Human Genetics 70, no.1 (2002): 207–223.
4. A. E. Kulozik et al., "Geographical Survey of Beta-S-Globin Gene Haplotypes: Evidence for an Independent Asian Origin of the Sickle-Cell Mutation," American Journal of Human Genetics 39, no.2 (1986): 239–244; F. Y. Zeng et al., "Sequence of the –530 Region of the Beta-Globin Gene of Sickle Cell Anemia Patients with the Arabian Haplotype," Human Mutation 3, no.2 (1994): 163–165.

5. American Society of Hematology, "Statement on Screening for Sickle Cell Trait and Athletic Participation," http://www.hematology.org/Advocacy/Statements/2650.aspx (accessed June 25, 2014).
6. Ibid.
7. Sickle Cell Disease Association of America, "Sickle Cell Trait and Athletics," http://www.sicklecelldisease.org/index.cfm?page=sickle-cell-trait-athletics (accessed December 30, 2012).
8. J. C. Goldsmith et al., "Framing the Research Agenda for Sickle Cell Trait: Building on the Current Understanding of Clinical Events and their Potential Implications," American Journal of Hematology 87, no.3 (2012): 340–346.
9. N. L. Kaplan et al., "Age of the ΔF508 Cystic Fibrosis Mutation," Nature Genetics 8 (1994): 216–218; N. Morral et al., "The Origin of the Major Cystic Fibrosis Mutation (ΔF508) in European Populations," Nature Genetics 7, no.2 (1994): 169–75; E. Mateu et al., "Can a Place of Origin of the Main Cystic Fibrosis Mutations Be Identified?" American Journal of Human Genetics 70, no.1 (2002): 257–264.
10. The data cited here are from the US Centers for Disease Control and Prevention (CDC), "U. S. Cancer Statistics: An Interactive Atlas," http://apps.nccd.cdc.gov/DCPC_INCA/DCPC_INCA.aspx (accessed January 12, 2013).
11. CDC, "Adult Cigarette Smoking in the United States: Current Estimates," http://www.cdc.gov/tobacco/data_statistics/fact_sheets/adult_data/cig_smoking/#state (accessed January 12, 2013).
12. C. Lu, "What Causes 'Asian Glow ?' Yale Scientific, April 3, 2011, http://www.yalescientific.org/2011/04/what-causes-"asian-glow" (accessed January 5, 2013).
13. Y. Matsuo, R. Yokoyama, and S. Yokoyama, "The Genes for Human Alcohol Dehydrogenases Beta-1 and Beta-2 Differ by Only One Nucleotide," European Journal of Biochemistry 183, no.2 (1989): 317–320.
14. H. Li et al., "Ethnic Related Selection for an ADH Class I Variant within East Asia," PLoS One 3, no.4 (2008): 2.
15. Ibid.
16. J. Liu et al., "Haplotype-Based Study of the Association of Alcohol

Metabolizing Genes with Alcohol Dependence in Four Independent Populations," Alcoholism: Clinical and Experimental Research 35, no.2 (2011): 304–316.

17. C. Hedges and J. Sacco, Days of Destruction, Days of Revolt (New York: Nation Books, 2012), pp.2–3.
18. C. L. Ehlers, "Variations in ADH and ALDH in Southwest California Indians," Alcohol Research & Health 30, no.1 (2007): 14–17.
19. C. L. Ehlers et al., "Linkage Analyses of Stimulant Dependence, Craving and Heavy Use in American Indians," American Journal of Medical Genetics Part B Neuropsychiatric Genetics 156B, no.7 (2011): 772–780.
20. T. Nakajima et al., "Natural Selection and Population History in the Human Angiotensinogen Gene (AGT): 736 Complete AGT Sequences in Chromosomes from around the World," American Journal of Human Genetics 74, no.5 (2004): 898–916.
21. T. L. Savittand and M. F. Goldberg, "Herrick's 1910 Case Report of Sickle Cell Anemia. The Rest of the Story," Journal of the American Medical Association 261, no.2 (1989): 266–271.
22. L. Pauling et al., "Sickle Cell Anemia: A Molecular Disease," Science 110 (1949): 543–548.
23. G. S. Graham and S. H. McCarty, "Sickle Cell (Meniscocytic) Anemia," Southern Medical Journal 23 (1930): 600, quoted in M. Tapper, In the Blood: Sickle Cell Anemia and the Politics of Race (Philadelphia: University of Pennsylvania Press, 1999), p.38.
24. M. F. Hammer et al., "Population Structure of Y Chromosome SNP Haplogroups in the United States and Forensic Implications for Constructing Y Chromosome STR Databases," Forensic Science International 164, no.1 (2006): 45–55.
25. National Humanities Center Resource Toolbox, "On Slaveholders' Sexual Abuse of Slaves: Selections from 19th & 20th Century Slave Narratives," The Making of African American Identity, Vol. I, 1500–1865, http://nationalhumanitiescenter.org/pds/maai/enslavement/text6/masterslavesexualabuse.pdf (accessed January 15, 2013).
26. A. B. Raper, "Sickle Cell Disease in Africa and America: A Comparison,"

Journal of Tropical Medicine and Hygiene 53 (1950): 53, quoted in Tapper, In the Blood, p.41.

27. R. B. Scott, "Health Care Priorities and Sickle Cell Anemia," Journal of the American Medical Association 214, no.4 (1970): 731, quoted in Tapper, In the Blood, p.102.
28. Tapper, In the Blood, p.104.
29. Pauling et al., "Sickle Cell Anemia."
30. R. B. Scott, "Health Care Priorities and Sickle Cell Anemia," p.734, quoted in Tapper, In the Blood, pp.105–106.
31. R. B. Scott, "Reflections on the Current Status of the National Sickle Cell Disease Program in the United States," Journal of the National Medical Association 71, no.7 (1979): 679–681.
32. S. A. Tishkoff et al., "Convergent Adaptation of Human Lactase Persistence in Africa andEurope," Nature Genetics 39 (2007): 31–40.
33. S. H. Witt, "Pressure Points in Growing up Indian," Perspectives 12, no.1 (1980): 24–31.
34. Ibid.
35. M. S. Watson et al., eds., "Newborn Screening: Toward a Uniform Screening Panel and System," Genetics in Medicine 8, suppl. 1 (2006): 1s–252s.
36. B. M. Rusert and C. D. M. Royal, "Grassroots Marketing in a Global Era: More Lessons from BiDil," Journal of Law and Medical Ethics 39, no.1 (2011): 79–90.
37. Ibid.
38. P.C. Ng et al., "Individual Genomes Instead of Race for Personalized Medicine," Clinical Pharmacology and Therapeutics 84 (2008): 306.
39. H. Brody and L. M. Hunt, "BiDil: Assessing a Race-Based Pharmaceutical," Annals of Family Medicine 4, no.6 (2006): 558.
40. Ibid., p.559.
41. L. K. Williams et al., "Differing Effects of Metformin on Glycemic Control by Race- Ethnicity," Journal of Clinical Endocrinology and Metabolism (early release, in press, 2014), http://press.endocrine.org/doi/abs/10.1210/jc.2014-1539 (accessed June 25, 2014).

42. A. Wojcicki, "23andMe Provides an Update Regarding FDA's Review," 23andMe Blog, December 5, 2013, http://blog.23andme.com/news/23andme-provides-an-update-regarding-fdas-review (accessed January 5, 2013).
43. A. Jolie, "My Medical Choice," New York Times, May 14, 2013, http://www.nytimes.com/2013/05/14/opinion/my-medical-choice.html?_r=0 (accessed January 5, 2014).
44. P.R. Billings et al., "Discrimination as a Consequence of Genetic Testing," American Journal of Human Genetics 50, no.3 (1992): 476–482.
45. Coalition for Genetic Fairness, "The History of GINA," http://www.geneticalliance.org/ginaresource.history (accessed January 27, 2013).

第 6 章 人类多样性与智力

1. S. J. Gould, The Mismeasure of Man (New York: W. W. Norton, 1981).
2. S. J. Gould, The Mismeasure of Man, rev. ed. (New York: W. W. Norton, 1996).
3. R. J. Herrnstein and C. Murray, The Bell Curve: Intelligence and Class Structure in American Life (New York: Free Press, 1996).
4. Gould, Mismeasure of Man, rev. ed., p.368.
5. C. F. Chabris, "IQ Since 'The Bell Curve,'" Commentary 106 (1998): 33–40, http://www.wjh.harvard.edu/ ~ cfc/Chabris1998a.html (accessed February 5, 2013).
6. A. R. Jensen, "How Much Can We Boost IQ and Scholastic Achievement?" Harvard Educational Review 39, no.2 (1969): 1–123.
7. J. P.Rushton and A. R. Jensen, "Thirty Years of Research on Race Differences in Cognitive Ability," Psychology, Public Policy, and Law 11, no.2 (2005): 235.
8. Gould, Mismeasure of Man, rev. ed., p.369.
9. Ibid.
10. As quoted in a promotional statement on the first page of Herrnstein and Murray, Bell Curve.
11. L. Hodges, "The Bell Curve Is Sending Shock Waves through America," http://www.timeshighereducation.co.uk/story.asp?storyCode=154396§ioncode=26 accessed February 1, 2013.

12. Gould, Mismeasure of Man, rev. ed., pp.376–377.
13. L. S. Gottfredson, "Mainstream Science on Intelligence: An Editorial with 52 Signatories, History, and Bibliography," Intelligence 24, no.1 (1997): 13–23.
14. U. Neisser et al., "Intelligence: Knowns and Unknowns," American Psychologist 51 (1996): p.77.
15. Ibid.
16. R. E. Nisbett et al., "Intelligence: New Findings and Theoretical Developments," American Psychologist 67, no.2 (2012): 130–159.
17. Herrnstein and Murray, Bell Curve, p.318.
18. Ibid., p.276.
19. 19. Neisser et al., "Intelligence: Knowns and Unknowns"; Nisbett et al., "Intelligence: New Findings."
20. Herrnstein and Murray, Bell Curve, p.276.
21. Ibid., pp.298–299.
22. Ibid., p.311.
23. Rushton and Jensen, "Race Differences in Cognitive Ability."
24. Ibid., pp.265–266.
25. L. S. Gottfredson, "What If the Hereditarian Hypothesis Is True?" Psychology, Public Policy, and Law 11, no.2 (2005): 316.
26. R. E. Nisbett, "Heredity, Environment, and Race Differences in IQ: A Commentary on Rushton and Jensen," Psychology, Public Policy, and Law 11, no.2 (2005): 302.
27. R. J. Sternberg, "There Are No Public-Policy Implications: A Reply to Rushton and Jensen," Psychology, Public Policy, and Law 11, no.2 (2005): 295.
28. R. J. Sternberg, "Intelligence," Dialogues in Clinical Neuroscience 14, no.1 (2012): 24.
29. C. S. Spearman, "'General Intelligence,' Objectively Determined and Measured," American Journal of Psychology 15, no.2 (1904): 201–292.
30. Sternberg, "Intelligence," p.21.
31. R. J. Sternberg, E. L. Grigorenko, and K. K. Kidd, "Intelligence, Race, and Genetics," American Psychologist 60, no.2 (2005): 47.

32. Nisbett et al., "Intelligence: New Findings," p.131.
33. Ibid.
34. Sternberg, "Intelligence."
35. R. C. Lewontin, "Race and Intelligence," Bulletin of the Atomic Scientists 26 (1970): 2–8.
36. Nisbett et al., "Intelligence: New Findings," p.132.
37. Herrnstein and Murray, Bell Curve, p.105.
38. Ibid., p.132.
39. Ibid., p.107.
40. Nisbett et al., "Intelligence: New Findings."
41. R. Plomin, "Child Development and Molecular Genetics: 14 Years Later," Child Development 84, no.1 (2013): 104–120.
42. J. R. Flynn, What Is Intelligence? Beyond the Flynn Effect (Cambridge: Cambridge University Press, 2007), p.2.
43. Nisbett et al., "Intelligence: New Findings."
44. Ibid.
45. T. C. Daley et al., "IQ on the Rise: The Flynn Effect in Rural Kenyan Children," Psychological Science 14, no.3 (2003): 215–219; G. Meisenberg et al., "The Flynn Effect in the Caribbean: Generational Change in Test Performance in Dominica," Mankind Quarterly 46 (2005): 29–70.
46. Nisbett et al., "Intelligence: New Findings," p.140.
47. Ibid., p.141.
48. Ibid.
49. R. Plomin and M. Rutter, "Child Development, Molecular Genetics, and What to Do with Genes Once They Are Found," Child Development 69, no.4 (1998): 1223–1242.
50. R. Plomin, "Child Development and Molecular Genetics: 14 Years Later," Child Development 84, no.1 (2013): 104.
51. M. Trzaskowski et al., "DNA Evidence for Strong Genetic Stability and Increasing Heritability of Intelligence from Age 7 to 12," Molecular Psychiatry 19, no.3 (2014): 380–384.
52. C. F. Chabris et al., "Most Reported Genetic Associations with General

Intelligence Are Probably False Positives," Psychological Science 23, no.11 (2011): 1314–1323.

53. B. Benyamin et al., "Childhood Intelligence Is Heritable, Highly Polygenic and Associated with FNBP1L," Molecular Psychiatry 19, no.2 (2014): 253–258; G. Davies et al., "Genome-Wide Association Studies Establish That Human Intelligence Is Highly Heritable and Polygenic," Molecular Psychiatry 6, no.10 (2011): 996–1005.
54. Gould, Mismeasure of Man, rev. ed., p.187.
55. Benyamin et al., "Childhood Intelligence Is Heritable"; Davies et al., "Genome-Wide Association Studies."
56. For instance, using an analogy of growing corn in Iowa as opposed to the Mojave Desert to illustrate environmental differences, Herrnstein and Murray write in The Bell Curve, "The environment for American Blacks has been closer to the Mojave and the environment for American whites has been closer to Iowa" (p.298).

第 7 章　洞察人种

1. G. Hellenthal et al., "A Genetic Atlas of Human Admixture History," Science 343, no.6172 (2014): 747–751.
2. B. M. Henn et al., "Genomic Ancestry of North Africans Supports Back-to-Africa Migrations," PLoS Genetics 8, no.1 (2012): e1002397.
3. "Companion website for 'A Genetic Atlas of Human Admixture History,'" http://admixturemap.paintmychromosomes.com (accessed February 23, 2014).
4. All dates for mitochondrial divergences listed in this chapter are from Soares et al.,"Correcting for Purifying Selection: An Improved Human Mitochondrial Molecular Clock," American Journal of Human Genetics 84, no.6 (2009): 740–759.
5. A. Zoutendyk, A. C. Kopec, and A. E. Mourant, "The Blood Groups of the Hottentots," American Journal of Physical Anthropology 13, no.4 (1955): 691–697.
6. South African History Online, "The Battle of Blood River," http://www.sahistory.org.za/datedevent/battle-blood-river (accessed April 28, 2014).

7. G. Chin and E. Culotta, "The Science of Inequality," Science 344 (2014): 819–821.
8. M. Rassmussen et al., "An Aboriginal Australian Genome Reveals Separate Human Dispersals into Asia," Science 334 (2011): pp.94–98.
9. G. R. Summerhayes et al., "Human Adaptation and Plant Use in Highland New Guinea 49,000 to 44,000 Years Ago," Science 330, no.6186 (2010): 78–81.
10. C. N. Johnson and B. W. Brook, "Reconstructing the Dynamics of Ancient Human Populations from Radiocarbon Dates: 10,000 Years of Population Growth in Australia," Proceedings of the Royal Society, Series B 278 (2011): 3748–3754.
11. Clements, N, "The Tasmanian Black War: A Tragic Case Lest We Remember?" The Conversation, http://theconversation.com/tasmanias-black-war-a-tragic-case-of-lest-we- remember25663 (accessed June 22, 2014).
12. Australian Government, Department of Immigration and Border Protection, "Fact Sheet 8. Abolition of the 'White Australia' Policy," http://www.immi.gov.au/media/fact- sheets/08abolition.htm (accessed April 19, 2014).
13. Ibid.
14. M. Raghavan et al., "Upper Palaeolithic Siberian Genome Reveals Dual Ancestry of Native Americans," Nature 505 (2014): 87–91; M. C. Dulik et al., "Mitochondrial DNA and Y Chromosome Variation Provides Evidence for a Recent Common Ancestry between Native Americans and Indigenous Altaians," American Journal of Human Genetics 90, no.2 (2012): 229–246; M. V. Derenko et al., "The Presence of Mitochondrial Haplogroup X in Altaians from South Siberia," American Journal of Human Genetics 69, no.1 (2001): 237–241.
15. For a photograph of the document, 参见 http://people.umass.edu/derrico/amherst/34_41_114_fn.jpeg (accessed April 27, 2014). 也见 P.D'Errico, "Jeffrey Amherst and Smallpox Blankets," http://people.umass.edu/derrico/amherst/lord_jeff.html (accessed April 27, 2014).
16. "Voyages," Trans Atlantic Slave Trade Database, http://www.slavevoyages.org/tast/index.faces (accessed December 24, 2013).
17. For texts of the original documents, 参见 http://library.uwb.edu/

guides/usimmigration/18%20stat%20477.pdf, http://www.ourdocuments.gov/doc.php?flash=true&doc=47 , http://www.sanfranciscochinatown.com/history/1892gearyact.html , http://library.uwb.edu/guides/usimmigration/39%20stat%20874.pdf (accessed May 3, 2014).

18. Except where otherwise noted, the examples described in this paragraph are derived from Hellenthal et al., "Genetic Atlas of Human Admixture History."
19. Statement by Alan Goodman in the transcript from episode 1 of the PBS series Race: The Power of an Illusion, https://www.pbs.org/race/000_About/002_04-about-01-01.htm (accessed April 19, 2014).
20. Ibid. (accessed July 15, 2012).
21. United States Census Bureau, "Race," http://www.census.gov/topics/population/race.html (accessed June 25, 2014).
22. P.N. Ossorio, "Myth and Mystification: The Science of Race and IQ," in Race and the Genetic Revolution: Science, Myth, and Culture, eds. S. Krimsky and K. Sloan (New York: Columbia University Press, 2011).
23. Ibid. The portions in quotation marks are quoted by Ossorio from N. J. Smelser, W. J. Wilson, and F. Mitchell, eds., introduction to America Becoming: Racial Trends and Their Consequences, v. 1 (Washington, DC: National Academy Press, 2001), p.4.

结 语

1. R. Bowden et al., "Genomic Tools for Evolution and Conservation in the Chimpanzee: Pan troglodytes ellioti Is a Genetically Distinct Population," PLoS Genetics 8, no.3 (2012): e1002504.
2. D. N. Livingstone, "The Preadamite Theory and the Marriage of Science and Religion," Transactions of the American Philosophical Society, New Series, 82, no.
3. (1992): 1–78. 3. N. Wade, A Troublesome Inheritance: Genes, Race and Human History (New York: Penguin, 2014), pp.121–122.
4. N. A. Rosenberg et al., "Clines, Clusters, and the Effect of Study Design on the Inference of Human Population Structure," PLoS Genetics 1, no. 6 (2005): e70, http://www.plosgenetics.org/article/info%3Adoi%2F10.1371%2Fjournal.pgen.0010070 (accessed September 14,

2014).

5. G. Coop et al., letter to the editor, New York Times, August 10, 2014, http://www.nytimes.com/2014/08/10/books/review/letters-a-troublesome-inheritance.html?_r=1 (accessed September 14, 2014).
6. T. Dobzhansky, "Nothing in Biology Makes Sense except in the Light of Evolution," American Biology Teacher 35 (1973): 125–129.
7. Gallup. "Evolution, Creationism, Intelligent Design,"http://www.gallup.com/poll/21814/evolution-creationism-intelligent-design.aspx (accessed June 22, 2014).

参考书目

Allison, A. C. "Protection Afforded by Sickle-Cell Trait against Subtertian Malarial Infection." British Medical Journal 1, no.4857 (1954): 290–294.

American Kennel Club. "Breed Matters." https://www.akc.org/breeds (accessed May 3, 2014).

American Society of Hematology. "Statement on Screening for Sickle Cell Trait and Athletic Participation." http://www.hematology.org/Advocacy/Statements/2650.aspx (accessed June 25, 2014).

Australian Government, Department of Immigration and Border Protection. "Fact Sheet 8. Abolition of the 'White Australia' Policy." http://www.immi.gov.au/media/fact- sheets/08abolition.htm (accessed April 19, 2014).

Behar, D. M. et al. "A 'Copernican' Reassessment of the Human Mitochondrial DNA Tree from Its Root." American Journal of Human Genetics 90, no.4 (2012): 675–684.

Beleza, S. et al. "The Timing of Pigmentation Lightening in Europeans." Molecular Biology and Evolution 30, no.1 (2013): 24–35.

Benyamin, B. et al. "Childhood Intelligence Is Heritable, Highly Polygenic and Associated with FNBP1L." Molecular Psychiatry 19, no.2 (2014): 253–258.

Billings, P.R. et al. "Discrimination as a Consequence of Genetic Testing." American Journal of Human Genetics 50, no.3 (1992): 476–482.

Bowden, R. et al. "Genomic Tools for Evolution and Conservation in the Chimpanzee: Pan troglodytes ellioti Is a Genetically Distinct Population." PLoS Genetics 8, no.3 (2012).

British Broadcasting Corporation (BBC). "Episode 3, Fatal Impacts." Racism: A History. http://topdocumentaryfilms.com/racism-history (accessed June 25, 2014).

Brody, H., and L. M. Hunt. "BiDil: Assessing a Race-Based Pharmaceutical." Annals of Family Medicine 4, no.6 (2006): 556–560.

Centers for Disease Control and Prevention. "Adult Cigarette Smoking in the United States: Current Estimates." http://www.cdc.gov/tobacco/data_statistics/fact_sheets/adult_data/cig_smoking/#state (accessed January 12, 2013).

Centers for Disease Control and Prevention. "U. S. Cancer Statistics: An Interactive Atlas." http://apps.nccd.cdc.gov/DCPC_INCA/DCPC_INCA.aspx (accessed January 12, 2013).

Cequeira, C. C. et al. "Predicting Homo Pigmentation Phenotype through Genomic Data: From Neanderthal to James Watson." American Journal of Human Biology 24, no.5 (2012): 705–709.

Chabris, C. F. "IQ Since 'The Bell Curve.'" Commentary 106 (1998): 33–40. http://www.wjh.harvard.edu/ ~ cfc/Chabris1998a.html (accessed February 5, 2013).

Chabris, C. F. et al. "Most Reported Genetic Associations with General Intelligence Are Probably False Positives." Psychological Science 23, no.11 (2011): 1314–1323.

Chambers, I. et al. "Functional Expression Cloning of Nanog, a Pluripotency Sustaining Factor in Embryonic Stem Cells." Cell 113, no.5 (2003): 643–655.

Chin, G., and E. Culotta. "The Science of Inequality: What the Numbers Tell Us." Science 344, no.6186 (2014): 818–821.

Clemens, J. D. et al. "ABO Blood Groups and Cholera: New Observations on Specificity of Risk and Modification of Vaccine Efficacy." Journal of Infectious Disease 159, no.4 (1989): 770–773.

Clements, N. "The Tasmanian Black War: A Tragic Case Lest We Remember?" The Conversation. http://theconversation.com/tasmanias-black-war-a-tragic-case-of-lest-we-remember-25663 (accessed June 22, 2014).

Coalition for Genetic Fairness "The History of GINA." http://www.geneticalliance.org/ginaresource.history (accessed January 27, 2013).

"Companion website for 'A Genetic Atlas of Human Admixture History.'" http://admixturemap.paintmychromosomes.com (accessed February 23, 2014).

Coop, G. et al. Letter to the editor. New York Times, August 10, 2014. http://www.nytimes.com/2014/08/10/books/review/letters-a-troublesome-inheritance.html?_r=1 (accessed September 14, 2014).

Cruciani, F. et al. "A Revised Root for the Human Y Chromosomal Phylogenetic Tree: The Origin of Patrilineal Diversity in Africa." American Journal of Human Genetics 88, no.6 (2011): 814–818. Currat, M. et al. "Molecular Analysis of the Beta-Globin Gene Cluster in the Niokholo Mandenka Population Reveals a Recent Origin of the Beta-S Senegal Mutation." American Journal of Human Genetics 70, no.1 (2002): 207–223.

D'Errico, P."Jeffrey Amherst and Smallpox Blankets." http://people.umass.edu/derrico/amherst/lord_jeff.html (accessed April 27, 2014). Daley, T. C. et al. "IQ on the Rise: The Flynn Effect in Rural Kenyan Children." Psychological Science 14, no.3 (2003): 215–219.

Darwin, C. R. On the Origin of Species by Means of Natural Selection, or the Preservation of Favoured Races in the Struggle for Life. London: John Murray, 1859. —. On the Origin of Species by Means of Natural Selection, or the Preservation of Favoured Races in the Struggle for Life. 4th ed. London: John Murray, 1866. —. On the Origin of Species by Means of Natural Selection, or the Preservation of Favoured Races in the Struggle for Life. 5th ed. London: John Murray, 1869.

Davies, G. et al. "Genome-Wide Association Studies Establish That Human Intelligence Is Highly Heritable and Polygenic." Molecular Psychiatry 6, no.10 (2011): 996–1005.

Derenko, M. V. et al. "The Presence of Mitochondrial Haplogroup X in Altaians from South Siberia." American Journal of Human Genetics 69, no.1 (2001):

237–241.

Dobzhansky, T. "Nothing in Biology Makes Sense except in the Light of Evolution."

American Biology Teacher 35 (1973): 125–129.

Dulik, M. C. et al. "Mitochondrial DNA and Y Chromosome Variation Provides Evidence for a Recent Common Ancestry between Native Americans and Indigenous Altaians." American Journal of Human Genetics 90, no.2 (2012): 229–246.

Edwards, A. W. F. "Human Genetic Diversity: Lewontin's Fallacy." BioEssays 25, no.8 (2003): 798-801. Ehlers, C. L. "Variations in ADH and ALDH in Southwest California Indians." Alcohol Research & Health 30, no.1 (2007): 14–17.

Ehlers, C. L. et al. "Linkage Analyses of Stimulant Dependence, Craving and Heavy Use in American Indians." American Journal of Medical Genetics Part B Neuropsychiatric Genetics 156B, no.7 (2011): 772–780.

Elias, S. A. "Late Pleistocene Climates of Beringia, Based on Analysis of Fossil Beetles." Quaternary Research 53, no.2 (2000): 229–235.

Fairbanks, D. J. Evolving: The Human Effect and Why It Matters. Amherst, NY: Prometheus Books, 2012.

Fairbanks, D. J. et al. "NANOGP8: Evolution of a Human-Specific Retro-Oncogene." G3: Genes Genomes Genetics 2, no.11 (2012): 1447–1457.

Fairbanks, D. J., and P.J. Maughan. "Evolution of the NANOG Pseudogene Family in the Human and Chimpanzee Genomes." BMC Evolutionary Biology 6 (2006): 12.

Faruque, A. S. G. et al. "The Relationship between ABO Blood Groups and Susceptibility to Diarrhea due to Vibrio cholerae 0139." Clinical Infectious Disease 18, no.5 (1994): 827–828.

Flynn, J. R. What Is Intelligence? Beyond the Flynn Effect. Cambridge: Cambridge University Press, 2007.

Fry, A. E. et al. "Common Variation in the ABO Glycosyltransferase Is Associated with Susceptibility to Severe Plasmodium falciparum Malaria." Human Molecular Genetics 17, no.4 (2008): 567–576.

Fu, W. et al. "Analysis of 6,515 Exomes Reveals the Recent Origin of Most

Human Protein- Coding Variants." Nature 493, no.7431 (2013): 216–220.

Gallup. "Evolution, Creationism, Intelligent Design."

http://www.gallup.com/poll/21814/evolutioncreationism-intelligent-design.aspx (accessed June 22, 2014).

Giardina, E. et al. "Haplotypes in SLC24A5 Gene as Ancestry Informative Markers in Different Populations." Current Genomics 9, no.2 (2008): 110–114.

Glass, R. I. et al. "Predisposition for Cholera of Individuals with O Blood Group: Possible Evolutionary Significance." American Journal of Epidemiology 121, no.6 (1985): 791–796. Goldenberg, D. M. The Curse of Ham: Race and Slavery in Early Judaism, Christianity, and Islam. Princeton: Princeton University Press, 2003.

Goldsmith, J. C. et al. "Framing the Research Agenda for Sickle Cell Trait: Building on the Current Understanding of Clinical Events and Their Potential Implications." American Journal of Hematology 87, no.3 (2012): 340–346.

Gottfredson, L. S. "Mainstream Science on Intelligence: An Editorial with 52 Signatories, History, and Bibliography." Intelligence 24, no.1 (1997): 13–23. —. "What If the Hereditarian Hypothesis Is True?" Psychology, Public Policy, and Law 11, no.2 (2005): 311–319.

Gould, S. J. The Mismeasure of Man. New York: W. W. Norton, 1981. —. The Mismeasure of Man. Rev. ed. New York: W. W. Norton, 1996.

Graham, G. S., and S. H. McCarty. "Sickle Cell (Meniscocytic) Anemia." Southern Medical Journal 23 (1930): 598–606.

Green, R.E. et al. "A Draft Sequence of the Neandertal Genome." Science 328, no.7929 (2010): 710– 722.

Haitina, T. et al. "High Diversity in Functional Properties of Melanocortin 1 Receptor (MC1R) in Divergent Primate Species Is More Strongly Associated with Phylogeny than Coat Color." Molecular Biology and Evolution 24, no.9 (2007): 2001–2008.

Hammer, M. F. et al. "Population Structure of Y Chromosome SNP Haplogroups in the United States and Forensic Implications for Constructing Y Chromosome STR Databases." Forensic Science International 164, no.1 (2006): 45-55.

Head, T. "Interracial Marriage Laws: A Short Timeline History." http://

civilliberty.about.com/od/raceequalopportunity/tp/Interracial-Marriage-Laws-HistoryTimeline.htm (accessed May 14, 2013).

Healy, E. et al. “Functional Variation of MC1R Alleles from Red-Haired Individuals.” Human Molecular Genetics 10, no.21 (2001): 2397–2402.

Hedges, C., and J. Sacco. Days of Destruction, Days of Revolt. New York: Nation Books,2012.

Hellenthal, G. et al. “A Genetic Atlas of Human Admixture History.” Science 343, no.6172 (2014): 747–751.

Henn, B. M. et al. “Genomic Ancestry of North Africans Supports Back-to-Africa Migrations.” PLoS Genetics 8, no.1 (2012): e1002397. Herrnstein, R. J., and C. Murray. The Bell Curve: Intelligence and Class Structure in American Life. New York: Free Press, 1996. Hodges, L. “The Bell Curve Is Sending Shock Waves through America.” Times Higher Education, November 14, 1994. http://www.timeshighereducation.co.uk/story.asp?storyCode=154396§ioncode=26 (accessed February 1, 2013).

Ingman, M. et al. “Mitochondrial Genome Variation and the Origin of Modern Humans.” Nature 408, no.6828 (2000): 708–713.

Jablonski, N. G., and G. Chaplin, “Human Skin Pigmentation as an Adaptation to UV Radiation.” Proceedings of the National Academy of Sciences, USA 107, suppl. 2 (2010): 8962–8968.

James, A. “Making Sense of Race and Racial Classification.” In White Logic, White Methods:Racism and Methodology, edited by T. Zuberi et al., 31–45. Lanham, MD: Rowman and Littlefield, 2008.

Jarvis, J. P.et al. “Patterns of Ancestry, Signatures of Natural Selection, and Genetic Association with Stature in Western African Pygmies.” PLoS Genetics 8, no.4 (2012): e1002641. Jensen, A. R. “How Much Can We Boost IQ and Scholastic Achievement?” Harvard Educational Review 39, no.2 (1969): 165–196. Jewish Virtual Library. “The Lebensborn Program (1935–1945).” http://www.jewishvirtuallibrary.org/jsource/Holocaust/Lebensborn.html (accessed July 16, 2012).

Johnson, C. N., and B. W. Brook. “Reconstructing the Dynamics of Ancient Human Populations from Radiocarbon Dates: 10,000 Years of Population Growth in Australia.” Proceedings of the Royal Society, Series B 278 (2011):

3748–3754.

Jolie, A. "My Medical Choice." New York Times, May 14, 2013. http://www.nytimes.com/2013/05/14/opinion/my-medical-choice.html?_r=0 (accessed January 5, 2014).

Jorde, L. B., and S. P.Wooding. "Genetic Variation, Classification, and 'Race.'" Nature Genetics 36 (2004): S28–S33. Kaplan, N. L., P.O. Lewis, and B. S. Weir. "Age of the DF508 Cystic Fibrosis Mutation." Nature Genetics 8 (1994): 216.

Keinan, A., and A. G. Clark. "Recent Explosive Human Population Growth Has Resulted in an Excess of Rare Genetic Variants." Science 336, no.6082 (2012): 740–43. King Jr., M. L. "I Have a Dream." Historic Documents. http://www.ushistory.org/documents/i-have-adream.htm (accessed June 29, 2014).

Kulozik, A. E. et al. "Geographical Survey of Beta-S-Globin Gene Haplotypes: Evidence for an Independent Asian Origin of the Sickle-Cell Mutation." American Journal of Human Genetics 39, no.2 (1986): 239–244.

Lalueza-Fox, C. et al. "A Melanocortin 1 Receptor Allele Suggests Varying Pigmentation among Neanderthals." Science 318, no.5855 (2007): 1453–1455.

Lederer, S. E. Flesh and Blood: Organ Transplantation and Blood Transfusion in 20th Century America. Oxford: Oxford University Press, 2008.

Lewontin, R. C. "The Apportionment of Human Diversity." Evolutionary Biology 6 (1972): 381–398.—. "Race and Intelligence." Bulletin of the Atomic Scientists 26 (1970): 2–8. Li, H. et al. "Ethnic Related Selection for an ADH Class I Variant within East Asia." PLoS One 3, no.4 (2008): e1881.

Liu, J. et al. "Haplotype-Based Study of the Association of Alcohol Metabolizing Genes with Alcohol Dependence in Four Independent Populations." Alcoholism: Clinical and Experimental Research 35, no.2 (2011): 304–316.

Livingstone, D. N. "The Preadamite Theory and the Marriage of Science and Religion." Transactions of the American Philosophical Society, New Series, 82, no.3 (1992).

Lu, C. "What Causes 'Asian Glow'?" Yale Scientific, April 3, 2011. http://www.yalescientific.org/2011/04/what-causes-"asian-glow" (accessed January

5, 2013).

Makova, K., and H. L. Norton. "Worldwide Polymorphism at the MC1R Locus and Normal Pigmentation Variation in Humans." Peptides 26, no.10 (2005): 1901–1908.

Malyarchuk, B. et al. "The Peopling of Europe from the Mitochondrial Haplogroup U5 Perspective." PLoS ONE 5, no.4 (2010): e10285.

Mateu, E. et al. "Can a Place of Origin of the Main Cystic Fibrosis Mutations Be Identified?" American Journal of Human Genetics 70, no.1 (2002): 257–264.

Matsuo, Y., R. Yokoyama, and S. Yokoyama. "The Genes for Human Alcohol Dehydrogenases Beta-1 and Beta-2 Differ by Only One Nucleotide." European Journal of Biochemistry 183, no.2 (1989): 317–320.

Meisenberg, G. et al. "The Flynn Effect in the Caribbean: Generational Change in Test Performance in Dominica." Mankind Quarterly 46 (2005): 29–70.

Mendez, F. L. et al. "Increased Resolution of Y Chromosome Haplogroup T Defines Relationships among Populations of the Near East, Europe, and Africa." Human Biology 83, no.1 (2011): 39–53.

Morral, N. et al. "The Origin of the Major Cystic Fibrosis Mutation (DF508) in European Populations." Nature Genetics 7, no.2 (1994): 169–175.

Nakajima, T. et al. "Natural Selection and Population History in the Human Angiotensinogen Gene (AGT): 736 Complete AGT Sequences in Chromosomes from around the World." American

Journal of Human Genetics 74, no.5 (2004): 898–916.

National Humanities Center Resource Toolbox. "On Slaveholders' Sexual Abuse of Slaves: Selections from 19th & 20th Century Slave Narratives." The Making of African American Identity, Vol. I, 1500–1865. http://nationalhumanitiescenter.org/pds/maai/enslavement/text6/masterslavesexualabuse.pdf (accessed January 15, 2013).

National Public Radio. "Thomas Jefferson Descendants Work to Heal Family's Past." http://www.npr.org/templates/story/story.php?storyId=131243217 (accessed November 11, 2012).

Neisser, U. et al. "Intelligence: Knowns and Unknowns." American Psychologist 51 (1996):77–101. Ng, P.C. et al. "Individual Genomes Instead of Race for Personalized Medicine." Clinical Pharmacology and Therapeutics 84 (2008):

306–309.

Nisbett, R. E. "Heredity, Environment, and Race Differences in IQ: A Commentary on Rushton and Jensen." Psychology, Public Policy, and Law 11, no.2 (2005): 302–310.

Nisbett, R. E. et al. "Intelligence: New Findings and Theoretical Developments." American Psychologist 67, no.2 (2012): 129.

Norton, H. L. et al. "Genetic Evidence for the Convergent Evolution of Light Skin in Europeans and East Asians." Molecular Biology and Evolution 24, no.3 (2007): 710–722.

Omenn, G. S. "Evolution and Public Health." Proceedings of the National Academy of Sciences, USA 107, suppl. 1 (2012): 1702–1709.

Ossorio, P.N. "Myth and Mystification: The Science of Race and IQ." In Race and the Genetic Revolution: Science, Myth, and Culture, edited by S. Krimsky and K. Sloan. New York:Columbia University Press, 2011. Pauling, L. et al. "Sickle Cell Anemia: A Molecular Disease."Science 110 (1949): 543–548.

Perego, U. A. et al. "Distinctive Paleo-Indian Migration Routes from Beringia Marked by Two Rare mtDNA Haplogroups." Current Biology 19, no.1 (2009): 1–8.

Plomin, R. "Child Development and Molecular Genetics: 14 Years Later." Child Development 84, no.1 (2013): 104–120.

Plomin, R., and M. Rutter. "Child Development, Molecular Genetics, and What to Do with Genes Once They Are Found." Child Development 69, no.4 (1998): 1223–1242.

Pośpiech, E. et al. "The Common Occurrence of Epistasis in the Determination of Human Pigmentation and Its Impact on DNA-Based Pigmentation Phenotype Prediction." Forensic Science International: Genetics 11 (2014): 64–72. Public Broadcasting System (PBS). "Mapping Jefferson's Y Chromosome." Frontline. http://www.pbs.org/wgbh/pages/frontline/shows/jefferson/etc/genemap.html (accessed November 11, 2012).

Punnett, R. C. Mendelism. New York: Macmillan, 1905.

Raghavan, M. et al. "Upper Palaeolithic Siberian Genome Reveals Dual Ancestry of Native Americans." Nature 505 (2014): 87–91. Race, Ethnicity, and Genetics Working Group."The Use of Racial, Ethnic, and Ancestral

Categories in Human Genetics Research." American Journal of Human Genetics 77, no.4 (2005): 519–532.

Raper, A. B. "Sickle Cell Disease in Africa and America: A Comparison." Journal of Tropical Medicine and Hygiene 53 (1950): 49–53.

Rasmussen, M. et al. "An Aboriginal Australian Genome Reveals Separate Human Dispersals into Asia." Science 334, no.6052 (2011): 94–98.

Reed, A. G. The Hemingses of Monticello: An American Family. New York: W. W. Norton, 2009.

Rich, S. M. et al. "The Origin of Malignant Malaria." Proceedings of the National Academy of Sciences, USA 106, no.35 (2009): 14902–14907.

Rosenberg, N. A., et al. "Clines, Clusters, and the Effect of Study Design on the Inference of Human Population Structure." PLoS Genetics 1, no. 6 (2005): e70, http://www.plosgenetics.org/article/info%3Adoi%2F10.1371%2Fjournal.pgen.0010070 (accessed September 14, 2014).

Rowe, J. A. et al. "Blood Group O Protects against Severe Plasmodium falciparum Malaria through the Mechanism of Reduced Rosetting." Proceedings of the National Academy of Sciences, USA 104, no.44 (2007): 17471–17476.

Rusert, B. M., and C. D. M. Royal. "Grassroots Marketing in a Global Era: More Lessons from BiDil." Journal of Law and Medical Ethics 39, no.1 (2011): 79–90.

Rushton, J. P., and A. R. Jensen. "Thirty Years of Research on Race Differences in Cognitive Ability." Psychology, Public Policy, and Law 11, no.2 (2005): 235–294.

Savittand, T. L., and M. F. Goldberg. "Herrick's 1910 Case Report of Sickle Cell Anemia: The Rest of the Story." Journal of the American Medical Association 261, no.2 (1989): 266–271.

Schwartz, M., and D. Vissing. "Paternal Inheritance of Mitochondrial DNA." New England Journal of Medicine 347, no.8 (2002): 609–12. Scott, R. B. "Health Care Priorities and Sickle Cell Anemia." Journal of the American Medical Association 214, no.4 (1970): 731–734.—."Reflections on the Current Status of the National Sickle Cell Disease Program in the United States." Journal of the National Medical Association 71, no.7 (1979): 679–681.

Ségurel, L. et al. “The ABO Blood Group Is a Trans-Species Polymorphism in Primates.”Proceedings of the National Academy of Sciences, USA 109, no.45 (2012): 18493–18498.

Sharma, S. et al. “Vitamin D Deficiency and Disease Risk among Aboriginal Arctic Populations.” Nutritional Review 69, no.8 (2011): 468–478. Sickle Cell Disease Association of America. “Sickle Cell Trait and Athletics.” http://www.sicklecelldisease.org/index.cfm?page=sickle-cell-trait-athletics (accessed December 30, 2012).

Smelser, N. J., W. J. Wilson, and F. Mitchell, eds. Introduction to America Becoming: Racial Trends and Their Consequences, v. 1. Washington, DC: National Academy Press, 2001.

Smith, R. et al. “Melanocortin 1 Receptor Variants in an Irish Population.” Journal of Investigative Dermatology 111, no.1 (1998): 119–122.

Soares, P.et al. “Correcting for Purifying Selection: An Improved Human Mitochondrial Molecular Clock.” American Journal of Human Genetics 84, no.6 (2009): 740–759.

South Africa Parliament. Report of the Joint Committee on the Prohibition of Mixed Marriages Act and Section 16 of the Immorality Act. Cape Town, South Africa: Government Printer, 1985.

South African History Online. “The Battle of Blood River.” http://www.sahistory.org.za/datedevent/battle-blood-river (accessed April 28, 2014). Spearman, C. S. “‘General Intelligence,’ Objectively Determined and Measured.” American Journal of Psychology 15, no.2 (1904): 201–292.

Stern, A. M. Eugenic Nation: Faults and Frontiers of Better Breeding in Modern America. Oakland, CA: University of California Press, 2005.

Sternberg, R. J. “Intelligence.” Dialogues in Clinical Neuroscience 14, no.1 (2012): 19–27. —. “There Are No Public-Policy Implications: A Reply to Rushton and Jensen.” Psychology, Public Policy, and Law 11, no.2 (2005): 295–301.

Sternberg, R. J., E. L. Grigorenko, and K. K. Kidd. “Intelligence, Race, and Genetics.” American Psychologist 60, no.2 (2005): 176. Stringer, C. B. et al. “ESR Dates for the Hominid Burial Site of Es Skhul in Israel.” Nature 338 (1989):756–758.

Sulem, P.et al. “Genetic Determinants of Hair, Eye and Skin Pigmentation in

Europeans." Nature Genetics 39 (2007): 1443–1752.

Summerhayes, G. R. et al. "Human Adaptation and Plant Use in Highland New Guinea 49,000 to 44,000 Years Ago." Science 330, no.6000 (2010): 78–81.

Tapper, M. In the Blood: Sickle Cell Anemia and the Politics of Race. Philadelphia, PA: University of Pennsylvania Press, 1999.

Thomas Jefferson Memorial Foundation. Report of the Research Committee on Thomas Jefferson and Sally Hemings. http://www.monticello.org/sites/default/files/inline-pdfs/jeffersonhemings_report.pdf (accessed November 11, 2012).

Tishkoff, S. A. et al. "Convergent Adaptation of Human Lactase Persistence in Africa and Europe." Nature Genetics 39 (2007): 31–40.

Trzaskowski, M. et al. "DNA Evidence for Strong Genetic Stability and Increasing Heritability of Intelligence from Age 7 to 12." Molecular Psychiatry 19, no.3 (2014): 380–384.

United States Census Bureau. "Race." http://www.census.gov/topics/population/race.html (accessed June 25, 2014).

United States Holocaust Memorial Museum. "Holocaust Encyclopedia." http://www.ushmm.org/wlc/en/article.php?ModuleId=10005143 (accessed July 16, 2012).

Van Oven, N., and M. Kayser. "Updated Comprehensive Phylogenetic Tree of Global Human Mitochondrial DNA Variation." Human Mutation 30, no.2 (2009): E386–94.

"Voyages." Trans-Atlantic Slave Trade Database.http://www.slavevoyages.org/tast/index.faces (accessed December 24, 2013).

Wade, N., A Troublesome Inheritance: Genes, Race and Human History, New York: Penguin, 2014. Wagner, C. R., F. R. Greer, and the Section on Breastfeeding and Committee on Nutrition. "Prevention of Rickets and Vitamin D Deficiency in Infants, Children, and Adolescents." Pediatrics 122, no.5 (2008): 1142–1152.

Warren, E. "Loving v. Virginia: Opinion of the Court." (No.395) 206 Va. 924, 147 S.E.2d 78, reversed. http://www.law.cornell.edu/supct/html/historics/USSC_CR_0388_0001_ZO.html (accessed July 15, 2012).

Watson, M. S. et al., eds. "Newborn Screening: Toward a Uniform Screening

Panel and System." Genetics in Medicine 8, suppl. 1 (2006): 1S–252S.

Williams, L. K. et al. "Differing Effects of Metformin on Glycemic Control by Race- Ethnicity." Journal of Clinical Endocrinology and Metabolism (early release, in press, 2014). http://press.endocrine.org/doi/abs/10.1210/jc.2014-1539 (accessed June 25, 2014).

Witt, S. H. "Pressure Points in Growing up Indian." Perspectives 12, no.1 (1980): 24–31.

Wojcicki, A. "23 and Me Provides an Update Regarding FDA's Review." 23 and Me Blog, December 5, 2013. http://blog.23andme.com/news/23andme-provides-an-update-regarding-fdas-review (accessed January 5, 2013).

Xing, J. et al. "Fine-Scaled Human Genetic Structure Revealed by SNP Microarrays." Genome Research 19 (2009): 815–825.

Zeng, F. Y. et al. "Sequence of the –530 Region of the Beta-Globin Gene of Sickle Cell Anemia Patients with the Arabian Haplotype." Human Mutation 3, no.2 (1994) 163–165.

Zhang, J. et al. "Genomewide Distribution of High-Frequency, Completely Mismatching SNP Haplotype Pairs Observed to Be Common across Human Populations." American Journal of Human Genetics 73, no.5 (2003): 1073–1081.

Zoutendyk, A., A. C. Kopec, and A. E. Mourant. "The Blood Groups of the Hottentots." American Journal of Physical Anthropology 13, no.4 (1955): 691–697.

译后记

人是从哪里来的？为什么人类会有不同的肤色和人种？这是长久以来困扰人们的热点话题。

关于第一个问题，自达尔文的名著《物种起源》发表以来，自然选择理论逐渐被主流社会所接受。如今，除了一些坚信“神创论”的宗教信徒，人类从古猿演化而来已成为常识。这个理论虽被人们普遍接受，但却存在多地起源说和单地起源说的争议。随着古人类化石的不断发现，特别是分子生物学的兴起，单地起源说业已成为学界的普遍共识——除非洲以外的世界各地的人类，均是由6万到7万年以前走出非洲的人群繁衍出来的。同时，分子生物学的理论也为我们勾画出了早期人类分化的主要迁徙路线。

关于第二个问题，按照不同肤色和其他体貌特征，将人类分为不同的人种似乎是很自然并顺理成章的，但生物学和遗传学的证据表明，现代人是同一个生物物种，本质上并无明显差异，“人种是社会属性而不是生物学属性的概念”。面对近年来种族主义的沉渣泛起，这无疑是批驳其谬论的强有力的科学武器。

本书的作者丹尼尔·费尔班克是一位遗传学家，曾任犹他谷大学科学学院院长、马萨诸塞大学安姆斯特分校、杨百翰大学和巴西隆德里纳州立大学教授。费尔班克教授荣获多项学界殊荣，包括表彰其学术贡献的“孟德尔纪念奖”（2017）。费尔班克教授独著或合著60余篇同行评审的遗传学与科学史论文，出版著作若干，包括《我们都是非洲人：用科学破解人种迷信》《伊甸园之遗产：人类DNA中的演化铁证》《演化：对人类的影响及重要性》《终结孟德尔—费舍尔之争》和《遗传学：生命的连续性》。费尔班克教授在雕刻和绘画艺术方面亦造诣颇深，其作品在美国、拉丁美洲及欧洲的博物馆、大学与公共场所永久展览。

对演化论的好奇心驱使我关注到了费尔班克教授的著作《我们都是非洲人》，并被其内容所吸引。本书从海量的科学证据中抽丝剥茧，从科学的角度论证了传统人种理论的种种谬误，也为我们国家倡导的“人类命运共同体”价值观提供了强有力的科学依据。

我对人类多样性的认识，随着与教授的通话和信件往来不断增加。捧读其著作之余，也产生了将本书译成中文以让更多人分享的冲动。

今天，在众多朋友的不懈努力之下，本书中文版终于可以付梓出版，我在此对各位同仁表示感谢。也希望本书的读者能够从中汲取灵感和新知，用欣赏的眼光看待人类多样性，并能够在字里行间感受到科学家那颗拳拳大爱之心。

译 者

2021年11月25日